雄心一号（秋香828）
新型白菜薹的选育推广

◎ 王先琳　陈子晟　谢月华　主编

U0306678

中国农业科学技术出版社

图书在版编目（CIP）数据

雄心一号（秋香828）新型白菜薹的选育推广 / 王先琳，陈子晟，谢月华主编. --北京：中国农业科学技术出版社，2023.12
ISBN 978-7-5116-6568-3

Ⅰ.①雄…　Ⅱ.①王…②陈…③谢…　Ⅲ.①白菜类蔬菜－选择育种　Ⅳ.①S634.1

中国国家版本馆CIP数据核字（2023）第236168号

责任编辑　张诗瑶
责任校对　贾若妍　李向荣
责任印制　姜义伟　王思文

出 版 者　中国农业科学技术出版社
　　　　　北京市中关村南大街12号　　邮编：100081
电　　话　（010）82106625（编辑室）　　（010）82109702（发行部）
　　　　　（010）82109709（读者服务部）
网　　址　https://castp.caas.cn
经 销 者　各地新华书店
印 刷 者　北京建宏印刷有限公司
开　　本　170 mm×240 mm　1/16
印　　张　7.25　彩插16面
字　　数　150千字
版　　次　2023年12月第1版　2023年12月第1次印刷
定　　价　48.00元

《雄心一号（秋香828）新型白菜薹的选育推广》

☆编写人员☆

主　编：王先琳　陈子晟　谢月华

副主编：周成良　黄来健　陈利丹　陈明春

编　者：苏运诗　马海峰　阮兆英　张明亮
　　　　王翠叶　屈海斌　王洋波　王晶晶
　　　　孙志贵　李丽霞

前　言

　　深圳市农业科技促进中心长期开展耐热叶菜种质资源的收集、评价与利用。2016年王先琳等利用菜心细胞质雄性不育系作母本和优质早熟白菜作父本进行杂交配置新组合（C-31×早熟白菜），经过初次试种、品种比较试验、区域试验、生产试验等多年多点试验，新品种从众多品种中脱颖而出，被命名为雄心一号（秋香828）。该品种是深圳市农业科技促进中心自主选育的优质白菜薹新品种。

　　雄心一号（秋香828）的外形像白菜，是无需春化即可抽薹的一种新型白菜薹。该白菜薹品种从播种到采收为45～50 d，于2018年通过深圳市科技创新委员会组织的科技成果鉴定，于2018—2022年在广东省深圳、惠州、河源、广州、佛山、肇庆、江门等地级市，以及湖南、湖北、河南、宁夏、甘肃、云南等省（自治区）进行推广应用，在推广中实现了周年供应并被广泛认可，商品菜名为"秋香薹"，成为一种新蔬菜类型的标杆，应用面积超过20万亩（1亩≈667 m²）。2021年，雄心一号（秋香828）白菜薹新品种应用推广项目获广东省农业技术推广奖二等奖。

　　雄心一号（秋香828）白菜薹新品种选育和推广应用的成功，是深圳市农业科技促进中心长期坚持种质资源收集、保存、评价与利用，新品种选育，试验示范推广等系列工作的集中体现；也是在新时代、新征程、新使命下，地方农业科技机构从事科学研究、科技成果转化工作的具体体现，对基层农业科技工作者的日常工作具有一定的借鉴意义。

　　王先琳、陈子晟、谢月华三位主编，周成良、黄来健、陈利丹、陈明春四位副主编，以及本书的多名编者，结合多年的工作经验，将该品种选育推广工作总结成书，同时本书也在附录中收录了一些一线新品种选育等工作的方法和技巧。希望能与同行、其他"三农"工作者在推进农作物种质资源收集、评价与利用工作中共勉。

本书附录中所收录文章及试验报告均保留原文格式体例，并注明原文出处，以便读者查阅和参考。

由于编者水平有限，遗漏之处在所难免，恳请读者批评指正。

编　者

2023年10月

目 录

第一章

育种目标的确立

　　白菜薹是白菜易抽薹材料经长期选择和栽培驯化而来的以幼嫩花薹为食用器官的特有种类。白菜薹起源于我国长江流域，从长江流域逐步进入大江南北，在全国各地广泛栽培，其中湖北、湖南、安徽、浙江、江苏、江西等地栽培面积较大。白菜薹色泽翠绿或嫩黄、鲜嫩可口，是秋、冬、春三季的重要绿色蔬菜。从20世纪80年代以来，白菜薹的消费需求、种植范围和种植面积不断扩大，尤其是近20年来，白菜薹越来越受到人们的喜爱。考虑到白菜薹育种的进展、育种的方向和市场的需求，以及育种者长期以来从事育种的经验，加上育种者的深厚情怀和美好梦想，确立了白菜薹育种的目标。

一、立项背景

　　21世纪初白菜薹种植区域主要在长江流域，品种主要是常规种。白菜薹最早品种有湖南早白菜薹等，在湖南、湖北等长江流域省份种植，然后从长江流域向全国扩展。早期类型的白菜薹主要特点是薹白、叶尖、主侧薹并收，有一定的消费基础。由于是常规种，又是常异交授粉作物，品种退化严重。绝大多数品种因晚熟或需要春化等原因，商品菜品质不稳定，导致商品菜产出也以晚冬至翌年春季为主，不能形成周年供应。

　　白菜薹质优味美，深受人们的喜爱，市场需求越来越大。同时，市场对白菜薹品质的要求也越来越高。品种的多样化可以使消费者和种植者有更多的选择，容易形成良性的市场竞争。因此，突破种源技术攻关，促进我国白菜薹产业健康发展，形成产业优势，势在必行。

二、育种方法的背景

白菜薹跟其他十字花科蔬菜类似，都属于常异花授粉蔬菜。白菜薹早期育种主要通过以下途径。一是由抽薹早、冬性弱的白菜品种选育而来，由农民筛选出在年前就能春化抽薹的白菜植株进行套袋留种而成。这类品种品质较优，但是大多数品种表现为薹叶大而多，抽薹不一致、不整齐，商品性普遍不佳。二是早春冬性弱早抽薹单株。三是春化白菜开花后和未知花粉串粉而来的变异品种。早期育种所形成的大多是地方品种，应用到生产中，形态性状和品质性状不佳，普遍不抗病，难以满足广大种植者和消费者要求。

杂种一代表现出较强的杂种优势，而被推广种植。杂种优势育种利用最多的是利用自交不亲和系和雄性不育系杂交育种。但是自交不亲和系的繁殖还存在一些不易解决的难题，一是蕾期主要靠人工剥蕾授粉，费时费力，人工成本高；二是不易育出100%自交不亲和的亲本，杂种一代的纯度也不高；三是多代自交易产生植株生活力衰退现象等。

利用雄性不育系配制杂种一代，则可以免去人工去雄这一环节，一是在亲本的繁殖保存以及杂种一代种子的纯度上显示出明显优势；二是对育种家以及育种机构来讲，增加了新品种的可控性，可有效防止亲本流失，增强品种的商品性和竞争性；三是对于以幼嫩的薹和薹叶为食用材料的菜薹来说，细胞质雄性不育系的选育和利用无需找到其恢复基因。

因此，利用细胞质雄性不育系配制杂交一代新品种，杂交优势明显，既能充分保持个体内具有的异质性，又能具有群体内高度的整齐性。杂交育种成为发展的必然，也成为选育白菜薹新品种的研究方向。

三、育种目标的确立

白菜薹由于品质好，被消费者广泛接受，消费量逐渐上升。从事生产、流通、加工及销售一体化的专业化企业在市场上不断涌现。竞争加剧的同时，对白菜薹品种的需求也更旺盛，对品种的要求也在不断提高。育种目标是指作物通过遗传改良后，需要达到的目标，也就是在一定地区的自然、耕作栽培及经济条件下所要育成新品种应具备的一系列有利性状的指标。选育新品种进行品种更新，必须充分考虑将来经济发展的需要和生产发展的要求，要求育种工作者有一定的预见性。

确定开展新品种选育工作后，首先要明确的就是新品种培育出来后要达到什么目标，如产量、品质、抗病性、耐热性、耐寒性等，确定在这些性状中重点改良的是什么。然后有目的、有计划和有效地选择种质资源，确定对照品种，选择育种方法，直至实现育种目标。白菜薹新品种的选育除旨在满足丰产好、品质优和抗性强三大新品种选育主题外，还要确保满足周年供应，满足规模化种植。

（一）产量目标的确立

一个优良品种首先应具有较高的增产能力，高产是优良品种的基本特性，是白菜薹育种的基本目标。产量包括生物学产量和商品产量。生物学产量是指在一定时间内，单位面积上作物全部光合作用产生有机物质的收获量；商品产量指的是同一时间内，单位面积上作物可以作为商品利用即食用部分的收获量。

（二）品质目标的确立

随着人民生活水平不断提高，在蔬菜生产中，品质已逐步上升为比产量更为重要的育种目标，也越来越被生产者、消费者关注。品质主要包括营养、外观、风味3个方面。

1. 营养

菜薹类营养物质主要指构成产品营养价值的营养成分，如矿质元素、维生素、纤维素、蛋白质、可溶性糖等。

2. 外观

外观性状指产品的大小、形状、色泽、表面特征、鲜嫩程度、成熟的一致性，有无斑痕和损伤等。形状要圆而光滑，表面有棱沟，色泽鲜亮，作为异地供应的菜薹还要有一定的耐贮运性。薹色要丰富，薹色油青的品种比较受市场追捧，正所谓一"油"遮百丑。油青是一个隐性的性状，杂交品种中油青薹色比较少。纯白色也是优良特性。

3. 风味

风味指人口腔味觉器官的感受，是香、甜、脆、嫩、辣、苦、酸、柔、粗硬纤维多少等感觉的总和。商品菜要脆、嫩，炒食要甜，白灼要柔绵，贮运要纤维多而耐运输。

（三）熟性目标的确立

熟性指从播种至开始采收的间隔天数。白菜薹的熟性跨度可能是最大的。熟性不同的品种能够生产发展和市场供应的需要。早熟品种可以提早上市，晚熟品种一般品质较好、产量较高。熟性目标是根据市场供应和生产者的要求确定的，本研究项目的目标是要实现白菜薹的周年供应，熟性要求是早熟性。

（四）抗性目标的确立

抗性很重要，是丰产稳产的基础，对确保薹用叶菜的生产安全意义重大。确保周年供应，需要品种能夏季抗热、冬季抗寒。随着白菜薹产业化程度的提高，基地建设的专业化发展，很多菜场已经精耕细作超过10年，病害特别是霜霉严重，软腐及菌核病的指数也比较高。新品种在抗性上要有更高的要求，主要体现在以下几个方面。

1. 抗病虫性

通过遗传改良育成的抗病虫品种，成为育种不可缺少的目标。

2. 抗逆性

抗逆性指白菜薹忍耐旱、涝、高温、低温冰冻等不良环境条件的性能。只有具备一定抗逆性的品种，才能充分表达其增产潜力。

3. 适应性

适应性指育成的新品种对不同环境条件、不同区域、不同海拔、土壤肥瘦的忍耐力。在多种环境条件下均能获得稳产高产的品种，其推广潜力会更大。

4. 保护地栽培

设施农业发展很快，因此选育较耐弱光照、耐高温高湿、耐肥、耐密植等的新品种，是摆在育种工作者面前的又一重要使命。

（五）杂种优势利用的确立

杂交优势品种主要是由自交不亲和杂交育种、雄性不育系作母本杂交育种选育而成的杂交品种，较常规种有普遍优势。杂交优势利用将成为主流。因此，综合考虑常规育种、自交不亲和杂交种和雄性不育系作母本杂交育种的优劣情况，细胞质雄性不育系作为母本的杂交种成为本研究的课题。

（六）尖叶、有棱、柄短薹形的确立

一是尖叶，薹叶尖的品种可以突显主薹，便于摆筐。主栽的品种也倾向于薹叶尖品种。薹叶不够尖的品种或者叶片比较大的品种市场推广较困难。二是有棱（坑），薹面有棱沟的品种比较受市场欢迎，有棱沟的品种一般比较甜，食用品质比较好。主栽或主推品种基本上都有棱沟，有的还比较深。三是叶柄短，可溶性固形物浓度叶片大于薹，薹大于叶柄。口味上是薹和叶都好吃，唯有叶柄口感较差。选择叶柄尽量短的品种是发展趋势。

（七）周年供应特性的确立

新品种不能受自然条件约束太大，白菜抽薹需要低温春化的缺点必须克服。利用我国幅员辽阔形成气候多样的特点，选育实现周年供应的白菜薹品种目标，满足市场均衡供应的需求，避免市场价格较大波动。反季节供应也不利于培育市场。

（八）适应现代机械化生产的确立

宁夏、云南、贵州等地建成了很多专业薹菜生产基地。在这些基地耕地、施肥、播种、打药、水肥一体化等环节的管理中，机械化应用程度都比较高。通过育苗移栽的老品种或生育期长收侧薹为主的品种将不利于未来机械化生产。适应现代机械化生产及采收将是发展的主流。这类品种要求整齐度好，便于一次性采收，能确保高商品率。

第二章 育种材料和方法

育种目标确立后，需要考察和收集育种材料，研究清楚白菜薹的分类、栽培历史与起源、物种变异幅度和分布情况等，确保做好种质资源材料的收集。

一、白菜薹的分类

白菜薹在植物分类学上属于十字花科（Cruciferae）的芸薹属（*Brassica*）的芸薹种（*Brassica campestris* L.）。芸薹种有三个亚种，即大白菜亚种（*B. campestris* ssp. *Pekinensis* Lour. Olsson），小白菜亚种（*B. campestris* ssp. *Chinensis* Makino）和芜菁亚种（*B. campestris*, ssp. *Prapifera* Metzg.）。白菜薹是小白菜亚种的变种，是以菜薹作菜用的变种。其学名是白菜薹变种（*B. campestris* ssp. *Chinensis* var. *Utilissen* et Lee）。在长期的栽培演化中，已成为全国范围内广泛栽培和发展的蔬菜。由于白菜薹美味可口，越来越受到食用者的喜爱，因此促进了其产业的发展。大白菜、小白菜都起源于中国，白菜薹是近30年来才从小白菜中分离出来的，自成了一个变异类群，成为众多蔬菜栽培种类中的一种。

二、栽培历史与起源

白菜薹是从芸薹种中分离出来的薹用蔬菜变种。芸薹种，在中国很早就有栽培。在半坡遗址出土的一个陶罐保留有白菜或芥菜类种子，据[14]C测定，这些种子距今约6 000年，此时正是中国母系氏族公社早期的石器时代。当时北方作物以种粟为主，长江流域则种植水稻为主，同时也有了蔬菜的种植。原始人类最初的食物都是以野外采集为主，芸薹菜最初也为采集对象，可能先作为家畜饲料，后又被人类食用，再后来就采集种子进行播种栽培，慢慢进化发展，才有了今天的芜菁、小白菜、大白菜、白菜型油菜和几个薹用蔬菜变种。其栽培演变历史，参考历代文人记录，现摘录如下，但实际栽培历史要比史料记载久远得多。

关于芸薹种的直接描述，中国记载是最早的。2世纪东汉学者服虔在所著《通俗文》中，有"芸薹谓之胡菜"的描述。

白菜在中国古代称作"菘"，蒋先明在《大白菜栽培》中引录较多，指出最早记载始于西晋稽含所著的《南方草木状》（304年）。"芜菁岭峤以南俱无之，偶有士人因官携种，就彼种之，出地则变为芥，亦橘种江北为枳之义也。至曲江（今广东韶关）方有菘，彼人谓之秦菘。"所以说，关于菘的记载当从西晋时代开始。

到南北朝时期，在贾思勰所著《齐民要术》中提出"种菘与芜菁同""菘菜似芜菁，无毛而大"。这里指出了栽种白菜的方法，以及白菜与芜菁在形态上的差别。《南史·周颙传》记载，南齐文惠太子问颙"菜食何味最佳？"颙曰"春初早韭，秋末晚菘。"这说明此时菘的栽培已相当普遍。

唐代苏敬著《唐本草》（659年）载有"蔓菁与菘，产地各异"。在《唐本草》中记载有三种菘：牛肚菘，原味最大，味甘；紫菘，原叶薄细，味少苦；白菘似蔓菁。这里所说的菘，即现称的白菜，牛肚菘类似大白菜，紫菘类似早期红菜薹，白菘更似小白菜。由此可知，白菜在唐代已广为栽培，距今已有1 300多年的栽培历史。

北宋陆佃的《埤雅》（1125年）记载"菘，凌冬晚凋，四时常见，有松之操，故曰菘"。南宋陈甫在《陈农书》（1149年）也记载了"七月种萝卜、青菜"。青菜可能为小白菜。

元代王祯所著《王祯农书·播种篇》（1313年）记载"七月以后种莱菔、菘、芥"，即是现在8月（公历）种菜，在1 300多年以前我们的祖先就已得出结论，并沿用至今，这也正好反映了客观规律。因为萝卜、白菜、芥菜这类性喜冷凉的蔬菜，现在认为最适宜的播种季节就是8月中下旬。元代忽思慧的《饮膳正要》（1330年）中记载了46种蔬菜种类，从所描绘的白菜形态来看，已经不是塌地而生的小白菜，而是外叶向上拢抱的结球大白菜的类型。而且在名称上不是沿用"菘"字，而是叫白菜。

明代李时珍所著《本草纲目》（1566年）称"菘乃菜名，因其耐寒如松柏也"。在明代徐光启的《农政全书》（1639年）中，对白菜与芜菁的关系作了较多描述与鉴别，但书中有些结论有待考证。

清代康熙十三年（1674年）《武昌县志·卷三》记载"蔬之属有芸薹，即油菜、春始秀"。清代乾隆十二年（1747年）《汉阳县志·卷五》记载"蔬之属有芸薹，秋末择肥地垫植之，冬时便刈取，不待春日"。清代同治八年（1869年）《江夏县志·卷三》记载"芸薹菜俗名油菜薹，与城东宝通寺相近者，其味尤佳，他处皆不及"。

1933年王葆心的《续汉口丛谈》中讲述了光绪初年湖北总督李勤恪先引种菜薹不成功，而后又将洪山土运往其家乡合肥试种的故事。

据英国西蒙兹编辑的《作物进化》（1974年）一书介绍，野生型芸薹亚种为一种分枝的根部细长的一年生植物。现在可能还存在真正的野生种芸薹。芜菁型油菜，在形态学上和系统发育上可能与野生种最接近。

芜菁亚种油用种可能起源于西南亚某地。13世纪欧洲已有油用芜菁的栽培，在石油产品没使用前，芜菁油是照明用油之一。芸薹种是多形态的，它们的互交是完全可育的，可能只有少数基因才能把某些亚种分开。

小白菜亚种（青菜）是一种多叶的一年生植物，它近乎白色的嫩茎，在中国是一种重要的蔬菜，已选出一些仅带一个小蒴齿叶片、叶柄极大程度增大的极端类型。大白菜亚种（白菜）形成独特的叶球，在远东和其他地方用作生食蔬菜。

以上资料表明，小白菜起源于我国南方，至今已有1 600多年的栽培历史。而白菜薹是由小白菜的变异逐步进化而来，所以其起源也可追溯到南方，具体说就是广东曲江所在的南岭山脉。有意思的是，原始的菘向北至长江流域演化形成了小白菜、乌塌菜和红菜薹三个变种，而向南至两广境内却演化形成了菜心变种。现在湖南省境内还有介于红菜薹和菜心之间的早熟白菜薹品种，还有籽用型的白菜型油菜变种。这些都是人们栽培定向选择的结果。白菜薹近30年才逐步扩大栽培，有的品种品质较好，为食者所喜爱，在湖南省栽培较多，其他省份较少，但发展很快。

早期的白菜薹品种主要是常规品种，是菜农选育的，在冬性弱、抽薹早的白菜品种天然杂交后，选择在春节前即可通过春化而抽薹的株系，再经自交选择而获得。后来，育种工作者利用菜心所具有的不经过春化即可开花的特性，采用白菜与菜心杂交后留种，再经自交选择而获得抽薹早的白菜薹品种。根据薹色和叶色，白菜薹分为黄薹型和白薹型2种类型。根据生育期的长短，白菜薹分为早熟品种、早中熟品种和晚熟品种。从播种到采收在30~60 d的为早熟品种，这类品种相对耐热、抗病性强、冬性弱。从播种到采收在60~100 d的为中熟品种，这类品种耐寒、冬性较强，菜薹品质好、产量高。从播种到采收在100 d以上的为晚熟品种，这类品种耐寒性强，但品质相对较差、产量低，现在栽培较少。

三、种质资源的收集

种质资源又称遗传资源。种质指生物体亲代传递给子代的遗传物质，往往存在于特定品种之中。例如，古老的地方品种、新培育的推广品种、重要的遗传材料以及野生近缘植物，都是属于种质资源的范畴。

收集种质资源是开展保护、研究与开发利用工作的前提和基础。由于自然环境、社会需求等客观条件都在快速变化，野生种、农家种、育成品种等种质资源都在加速流失。因此，开展收集种质资源工作意义重大。收集主要是通过考察、征集、交换和转引等方法进行。其中，栽培品种主要靠征集，育种单位或个人提供，以及市场采购；野生种和稀有种则主要靠野外考察发现。

十字花科作物是常异交作物，是异花授粉植物，是在自然条件下，用异株的花粉受精以产生后代的类植物。自然杂交率一般在50%以上。这类植物自花授粉时，常有不结实或结实率降低、后代生活力衰退的现象。授粉的媒介主要是昆虫。作物一般都具备有利于昆虫授粉的特点，一是花冠大而显著，有色彩、香气或蜜腺；二是花粉粒较大，有黏性，易黏附在虫体上；三是花粉中有较丰富的营养物质，可作为昆虫的食物。

十字花科具有自交不亲和性，主要是孢子体自交不亲和性，是由产生花粉的二倍体亲本（即孢子体）S基因型决定的。所谓自交不亲和性，指的是具有完全花并可以形成正常雌、雄配子，但缺乏自花授粉结实能力的一种自交不育性，是十字花科植物在长期进化过程中形成的。自交不亲和性有效保证了遗传多样性，有利于植物进化和适应环境。破除自交不亲和性的主要方式是采用蕾期剥蕾自交，即在花期把正在开放的花朵上的花粉通过人工授粉的方式传送到刚剥开的大花蕾柱头上。因为花蕾期柱头上的组织蛋白未发育完全，可以有效结实，所以剥蕾自交可以破除自交不亲和性，从而收获自交种子进行繁殖。

同时，也正因为十字花科作物是常异交作物，具有自交不亲和性、自交退化明显等特点，所以导致古老的地方品种非常难以收集。新培育的推广品种是比较容易获取的，重要的野生近缘植物也是难以获得的，因此需要在大规模的种质资源普查中有针对性地进行收集。不管是新选育的推广品种还是自然界存在的野生资源材料，一般都是以杂合体的形式存在，遗传基因来源比较复杂，也难以明确；作为遗传材料时，后代容易产生分离，但也为新品种选育提供了广泛的遗传基础。

种质资源的收集既要广泛又要突出重点。重点收集包括目前主要栽培的品种、小白菜中冬性较弱易抽薹的品种、品质优良的品种、具有某种特殊抗性的品种等品种材料。白菜薹现在还未形成特殊的固定形态，因此在白菜薹这个变种中，任一亚种、变种都可以直接进行应用。根据育种需要选择其中的品种作为育种的原始种质资源材料。

深圳市农业科技促进中心长期开展对耐热叶菜种质资源的收集、保存、评价与利用工作。收集的大白菜种质资源主要有早熟五号（温州三角牌）、快菜、小杂56（北京京研益农）、夏阳白菜、黄金散叶（香港黄清河）、丰山三号、丰山七号（台湾）、湖南早熟白菜等，菜心种质资源主要有49菜心、锦早菜心、巨人菜心、粗条菜心、碧绿粗薹、油青50天、31号甜菜心、迟心5号、福田菜心等。深圳市农业科技促进中心从国内外引进新品种做资源收集、保存、筛选利用工作从未间断，逐渐获得了超过10 000份早熟白菜和菜心资源材料，为开展新型白菜薹育种建立了扎实的种质基础。

四、育种方法

选育新型白菜薹品种的育种过程包括确立育种目标、种质资源评价、种质资源材料保存、选种、育种等过程，每个过程都有系统的方法原理。

（一）确立育种目标的方法

育种目标指作物通过遗传改良后需要达到的目标，也就是在一定地区的自然、耕作栽培及经济条件下所要育成新品种应具备的一系列有利性状的指标。选育新品种进行品种更新，必须充分估计到将来经济发展的需要和生产发展的要求，要求育种工作者要有一定的预见性。

1.确定产量的方法

（1）产量的范畴。高产是一个优良品种首先应具有较高的增产能力，是优良品种的基本特性，是白菜薹育种的基本目标。产量包括生物学产量和商品产量。

（2）产量的构成因素。白菜薹的产量由单位面积种植株数、每株薹数和单薹重量（含薹叶重量）等因素构成。即亩（1亩≈667m²）产量=亩种植株数×每株薹数×单薹重量（含薹叶重量）。如果要计算平均日产量，则除以全生育期天数。

单位面积种植株数跟白菜薹品种关系密切，不同品种的植株大小存在有较大的差异，种植方式也存在差异，这些因素直接决定了种植的密度。

每株采收的薹数跟种植密度、种植季节、土壤肥力和肥水管理等因素密切相关。可收单薹，也可采收薹数至30～40根，当土壤肥沃，肥水充足，种植密度较大时单株薹数会增加，另外采收期长也可多收薹。

薹重由薹长、薹粗、薹叶大小和采收时期等因素决定。轻者10～20g，重者可达200g以上。

种植密度大时，薹较长，种植密度小时，薹较短；主薹最重，侧薹次之，孙薹更轻，依次递减；薹叶大的比薹叶小的重；用大白菜作亲本的杂交种，薹叶一般较大，薹叶数也多；用小白菜作亲本的杂种后代，主薹一般比较发达。

（3）影响产量的其他因素。影响作物产量的其他因素主要有栽培技术、土壤性能、肥效和病虫杂草的防治等。这些因素不属于育种的范畴，但对育种目标的实现起着非常重要的作用。因此，选育成一个新品种，同时要试验总结出相对应的配套栽培技术，要有科学合理的适宜栽培季节、种植区域、种植密度等。

（4）产量鉴定。育种的前期阶段主要对所选株系或子一代（F_1代）进行综合性状考察，待性状相对稳定后才进行产量鉴定。在进行产量鉴定时，必须注意以下几点。一是试验地尽可能与生产的实际条件相一致；二是栽培管理技术与生产地接近或略高；三是土地肥力及栽培技术措施一致，同一措施应在同一时间完成，如定植、追肥、灌水等，不允许用几天时间去完成；四是应具有多次试验的种子量。

产量鉴定分为两步。第一步是预备试验，此时各株系或F_1数目较多，一般只设1～2个重复，必须设对照，淘汰明显比对照差的株系或F_1，保留明显优于对照的株系或F_1。预备试验需要进行1～2次，可在最适宜的栽培季节，可在秋冬季节栽培，可越冬栽培，也可在春秋两季栽培。选育耐热品种需要较高温度的考验；选育耐寒品种需要越冬栽培的低温检测；检测抗病性适于在重茬地或上季发病较重的田块进行，以便尽早淘汰易感病的材料。第二步是正式的产量鉴定，在各个生育期必须对产量构成因素、综合性状、抗病性等目标性状进行详细的观察记录，如叶片大小、薹的长短粗细等。

产量要求跟熟性也有关。原则上是比同类主栽品种增产10%～20%或增产幅度达显著水平。大致早熟类品种产量在1 500 kg左右，中熟类品种产量在2 000 kg左右，晚熟类品种在3 000 kg左右。

2. 鉴定品质的方法

随着人民生活水平的不断提高，在蔬菜生产中，品质已逐步上升为比产量更为重要的育种目标，也越来越被生产者、消费者关注。品质主要包括有营养、外观、风味3个方面。

（1）营养物质。菜薹类蔬菜的营养物质主要指构成产品营养价值的营养成分，如矿质元素、维生素、纤维素、蛋白质、可溶性糖等。目前菜薹类蔬菜的育种还未发展到针对某一营养成分的程度。与风味有关的芳香类物质也很重要，但也是未发展到作为单一指标的程度。随着科学的发展，某种特殊的需求有可能成为育种目标。

（2）外观性状。外观性状指产品的大小、形状、色泽、表面特征、鲜嫩程度、成熟的一致性、有无斑痕和损伤等。大小主要指菜薹的长短和粗细。就商品性而言，白菜薹以长30 cm左右、横径1.5～2.0 cm较好。但消费市场对大小的喜爱也是有区别的，有人喜欢粗一些，也有人喜欢细一些。形状要圆而光滑，表面有棱沟，色泽鲜亮。作为异地供应的菜薹还要有一定的耐贮运性。

（3）风味。风味指人口腔味觉器官的感受，是香、甜、脆、嫩、辣、苦、酸、柔、纤维粗硬多少等感觉的总和。风味品质主要以品尝为准。由于众人的口味有不同，所以品尝要求有3～5人同时进行评定打分，取其平均值。可以生食口评，也可以炒熟口评，视某一性状而定，比如甜、酸、苦、辣、涩味等，则以田间口味来测定。而香、脆、易炒性、纤维多少等，则需要炒熟口评，而且烹炒的时间、火力要一致。田间品尝只能作为初评，熟评才能作为鉴定的正式结论，因为白菜薹还是以熟食为主。

品质牵涉外观、营养成分和食味。产品外观好坏就是商品质量好坏的外在表现，它与菜薹长短、粗细、色泽、薹叶大小形状、薹形等密切相关。

薹长：白菜薹的薹长以25～30 cm较好，太长食用品质下降。

薹粗：作为食用标准，以1～2 cm的横径较宜，粗一些虽好看，但烹炒时不易掌握粗、细的熟度，口感难保一致。但外销品种宜粗不宜细，太细容易萎蔫。

薹叶：形态以三角形较好，但长度不宜超过16 cm，最宽处不超过8 cm；叶柄要短，最好没有叶柄。薹叶需5片以上，才能保证薹不退化成"钓鱼杆"。

薹色：以红色、白色和深绿色并且鲜艳有光泽较好。

薹形：以圆而光滑为好。

产品食用品质可分两步进行评定，即生评和熟评，生评在田间进行口评，熟评是将菜薹炒熟后口评。口评涉及性状有甜、软、脆、绵、香和酸、苦、辣、涩、硬等10个性状，采用10分制，前5个每个加1分，后5个每个减1分，评分从5分开始。至少需3人同时评定记分，最后统计评分结果，以确定排位。生评宜选雨后晴天时，菜薹较干净。熟评时也使用当天采的菜薹，而且由一人定时烹炒，火力一致。

营养成分需用化学或物理方法测定，用以测定的菜薹宜当天早晨采收，采收标准要一致，如采侧薹开1～2朵花。每株系采10株，每株采1薹，混合装入塑料袋中密封，取中上部段作分析用，测定水分、蛋白质、可溶性糖、粗纤维、维生素C、核黄素和矿物质的含量。在初评时株系较多，要每份都进行营养分析，工作量会很大，可以用它们与农艺性状的相关性进行初选，选择到高代时再做化学分析，进行确认。

3.确定熟性的方法

熟性是指从播种至开始采收的间隔天数。白菜薹的熟性跨度可能是最大的。熟性不同的品种，是生产发展和市场供应的需要。早熟品种可提早上市，晚熟品种，一般品质较好，产量较高。熟性目标是根据市场供应和生产者的要求确定的。本项目的目标是要选择实现周年供应的，就要求是早熟性。特早熟品种，播后50 d以内开始采收；早熟品种50～60 d，早中熟品种60～70 d，中熟种70～80 d，中晚熟品种80～90 d，晚熟品种90 d以上。根据市场需要进行安排育种的熟性目标。

熟性长短的鉴定要在最适宜的秋冬栽培季节进行，其他季节鉴定都不准确，越冬栽培熟性会加长，早春栽培可能会缩短。做熟性鉴定时，播种之日开始至采收结束必须保证各种栽培技术到位，措施不到位时，鉴定的结果也不准确。

4.鉴定抗性的方法

（1）抗病虫性。病虫害是蔬菜生产的大敌，对蔬菜产量和品质都有严重的影响。为了防治病虫害而大量使用农药，既提高了生产成本，也可能带来残留毒性，造成环境污染，危害人体健康。因此，通过遗传改良育成抗病虫品种，已成为育种不可缺少的目标。抗病育种已取得了很大成效，但抗虫育种则相对落后。

（2）抗逆性与适应性。抗逆性指白菜薹忍耐不良环境条件如旱、涝、高温、低温冰冻的性能。只有具备一定抗逆性的品种，才能充分表达其增产潜力。这些有关目标性状是在改良品种过程中需要兼顾的性状。白菜薹的适应性指育成的新品种对不同环境条件，如不同区域、不同海拔、土壤肥瘦的忍耐力，在多种环境条件下均能获得稳产高产的品种，其推广潜力会更大。

（3）保护地栽培。设施农业发展很快，因此选育较耐弱光照、耐高温、高湿、耐肥、耐密植等的新品种，是摆在育种者面前的又一重要使命。

5. 确立育种目标的注意事项

（1）重点突出。重点目标往往是生产中亟须解决的问题，产量高始终是新品种选育的主要目标性状。当市场出现同类品种较多时，品质优良就成了主要目标，品质低劣的品种会逐渐被品质优良的品种取代。有了产量高和品质优的品种后，周年保供应又成了另外的重要目标，但抗病性是自始至终都必须重视的目标。

（2）育种目标一定要落实到具体性状。产量要比对照增产多少，单位面积产量要达到多少，薹长、薹粗、薹重是多少，主薹是否正常，薹叶多少片，薹叶大小、形状，薹色，蜡粉有无等具体性状目标要加以明确。只有将具体性状定下来了，才便于针对性地选择亲本进行品种选育。

（3）育种目标要有预见性。一般育成一个品种至少需要3～5年，育成的品种才能供给生产推广，如果没有预见性，就可能导致品种育成后，已赶不上市场的需求，新品种马上被淘汰。

（4）育种目标要有品种的配套。白菜薹早、中、晚熟品种都需要。其可广泛应用白菜薹、红菜薹、菜心、小白菜和大白菜的不同品种作育种亲本材料，具有极大的可塑性，使育成各种类型的白菜薹杂种一代成为可能。

（二）种质资源评价方法

种质资源收集以后，开始要对主要特征特性进行鉴定，只有对种质资源有足够的认识，才能做到灵活而准确地应用。

1. 评价项目

种质资源鉴定的目的是为育种提供遗传信息，供亲本选择时作为确定入选亲本的参考，无论采用什么育种方法，都需要参考这些数据，主要包括以下几个方面。

（1）物候期。主要包括播种期、出苗期、定植期、现蕾期、始花期、开花期、采收期、盛收期、末收期等。

（2）植物学性状。包括根系、叶色、薹色、叶柄色、叶脉色、蜡粉有无等；苗叶数、初生莲座叶数、次生莲座叶数、薹叶数等；株型、株幅、株高、薹长、薹粗、薹重、薹形、薹叶形状大小等；开花时种株大小、分枝级数、开花多少、种子多少等。

（3）生物学特性。主要指该种质资源对生长环境的适应性，具体体现为对温度、光照、水分、土壤、肥料的要求和极端条件下的反应。

（4）农艺性状。主要指菜薹产量高低，生长势强弱，菜薹延续采收时间，菜薹商品性状优劣，后期产品的商品率，植株的耐寒性、抗热性、耐湿性、耐旱性、抗病性、抗虫性等。

2. 种质资源材料的栽培

种质资源材料的栽培，简而言之，是略优于大田生产的。主要是要将各方面的性状充分表现出来。防虫不防病，让其自然生长。应在最适宜的栽培季节进行，深圳在8月下旬播种，早熟品种应在夏秋栽培，中晚熟品种应在9—10月播种，在适合的季节进行鉴定，才能更好地筛选出有用的材料。每份材料种植50～100株。

3. 种质资源材料的筛选和采种

刚收集到的种质资源大部分是杂交种或者是杂合体，难以直接利用，除保存外，首先需要进行筛选、纯化收集的种质资源。种植筛选的种质资源在花期摘去已经开放的花朵，将剩下的整个未开花朵的花枝用硫酸纸袋进行单株套袋，套袋后2～3 d，取下纸袋，用开放花朵上的花粉授到未开放花蕾的柱头上，然后再重新套上纸袋。单株授粉工作在全生育期可做2～3次，每荚一般可结20粒左右的种子。此自交方法可以得到纯化稳定的自交系，杂合种质资源经过4～5代的单株自交一般可以得到基本纯化。

根据目标进行选择，选择的过程主要有以下几个环节。首先是去杂去劣，即将50～100株中的非本品种的杂株、劣株、弱株拔掉，有多少拔多少，不可手软；而且拔掉的植株，不要丢在试验地里。其次是选株，也就是自交系的选择，作为配制杂种一代的亲本，多选具有特殊性状的单株。不论哪种选择，都在莲座叶形成期进行初选，入选者插棍、编号、挂牌；在始花期进行第二次选择，将主薹退化株拔掉。入选株数的前一种可选20～30株，后二种情况每份入选10～20株。最后是采种，自交系扩繁，可架设纱网进行隔离采种，网内放熊蜂有利于帮助授粉，种子成熟后混合采种；自交系入选株用硫酸纸袋套袋进行花蕾期自交，因为白菜薹有自交不亲和现象，所以需要进行蕾期自交，以保证每株都能收到种子，种子按单株采种。

（三）种质资源材料保存方法

1. 存放地点

每份种质材料都非常珍贵，必须保存好，维持其生命力，保持其发芽率。要做到这一点也不难，新采的临时性种子一般放在温度为0～5℃的冷藏空间保存使用。长期保存则可以放在-20℃超低温冷库中。如果收集到的资源是苗，可在隔离区内种植让其开花结荚，种荚成熟后采收种子入库保存。

2. 存放种子的数量

已定形的珍贵原种和杂交亲本每份需要存放有2～3年繁种之用的种子数量，已稳定的株系每份最好不少于100 g的种子数量，而在继续选育的株系，则有10 g左右种子即可，至于自交的单株种子，则尽可能多采。

3. 存放种子的干燥

种子入库前必须令其充分干燥。方法是将种枝剪下先置于网袋中，挂藏于通风处，待充分干燥后脱粒，脱粒前选晴天晒1 d后再脱粒，脱粒种子装入牛皮纸袋中，再晒2～3 d即可。是否已干的鉴定方法是将种子取出置于硬物上，用大拇指的指甲用力压迫种子，每次压3～5粒种子即可。如种子一压就碎，表明种子已充分干燥；如果压成小饼，则表明种子还未充分干燥。已干燥种子即可换装于密封袋中。

4. 存放种子的包装

种子永久性包装，需要用密封塑料袋进行两层包装，即先放入一个袋中，外面再套一个袋。因此，包装袋需多个规格，少量种子放入小袋，再按系统分装完成后，装入大袋，这样便成了多层包装。在每个袋内，均用硬纸牌写明种子情况，这样，使用时拿种子比较方便。3～5年内要用的种子均可放在0～5℃

保存。需要长期保存的种子才需要放在-10℃以下保存。

5. 存放种子的更新

存放在常温冷库中的种质资源每5年需种植繁殖更新一次，存放在低温或超低温冷库的种质资源应该每8年拿出来种植繁殖更新一次。种植繁殖更新应该在隔离区内种植或者花期套袋自交。

（四）选种方法

选种是利用群体中存在的自然变异，将符合要求的优良植株选择出来，经过比较而获得新品种的途径。而单株选择是其中一种手段，各种育种途径都必须采用。

1. 选择方法

（1）单株-混合选择法。这是把单株选择和混合选择结合起来的一种选择方法。即先进行一次单株选择，套袋进行蕾期自交，并单株采种，在株系比较圃内先淘汰一些不良株系，再在选留的株系内淘汰不良植株，使选留的植株自由授粉，混合采种。以后再进行一代或多代的混合选择。这种选择方法的优点主要有以下几点。

一是进行一代的自交，2~3个枝条使单株性状在下一代表现较充分，便于下一代选择。

二是第二代自由授粉，不易发生退化，且采收种子较多。

三是方法简便易行，见效快，随时都可扩大生产种子。也可用于已退化品种的提纯复壮。

这种方法的缺点是选择效果较差，纯化速度较慢。

（2）混合单株选择法。先进行几代混合选择后，再进行一次单株选择。后代即按一次单株选择程序进行，入选单株要套袋进行蕾期自交，株系间要隔离，株系内去杂去劣后任其自由授粉混合采种。

这种选择方法的优缺点与前法相似，但更适用于差异很大的群体和杂交后代的选择。

（3）母系选择法。这种选择方法实际是多次单株选择法，即在选种圃内选株采种不管父本是谁。每代当选单株的种子分成3份，其中一份作株系比较试验，另一份种在采种隔离区内，保证入选株数量，第三份种子备用。当比较试验结果出来后，选留3~5个优良株系，其余全淘汰，在采种区内拔掉被淘汰株系的植株，入选株系去杂后自由授粉，株系间要隔离。如此进行一至多代选择，达到目标为止。如果每个材料选20～30个单株，则选择1～2代就有可能得到较纯株系。采用母系选择法时应注意以下事项。

一是在植株抽薹时进行1～2次选择去杂，将那些明显的杂株和劣株拔去，避免不良株花粉为入选株授粉。

二是选株时避免选那些特别强势株，这类植株往往是生物学混杂的后代，分离大，不易稳定。

三是选株应在2～30个，每个单株后代自成株系，经1～2代鉴定入选其中3～5个株系。

四是采种区种植的植株数，每个株系需种植100株以上，保证去劣后仍有50株左右采种，50株以下易发生遗传基因丢失。

（4）株选标准。所谓株选即选择优良的单株，这是育种最基本的工作，入选植株一定要符合育种目标的要求，一个单株选得好与不好，往往决定育种的成败，也是衡量育种科技人员水平的标尺。白菜薹育种的选择标准大同小异，主要包括以下项目。

产量：单株产量由薹重、薹数，薹重则由薹长、薹粗确定，所以在选株时，必须测定这几个性状。

品质：确定品质涉及商品品质、口感和营养成分。一次株选只能鉴定其中1～2项，在株选时侧重其商品性的优良和田间生食的口感。商品性即菜薹的卖相，其卖相也涉及薹色，薹表形态，薹的长短、粗细及一致性和薹叶大小、多少及叶色等。口感宜田间生食初测，根据食味，按测定者的感觉打分，涉及的因素有酸、甜、苦、辣、涩、硬、软等味道，熟食宜在品系或品种阶段测定。而营养成分只宜在品系或品种阶段进行，但如果是选育优质品种，则初选株时需测定其目标性状。

抗病性：宜记载入选植株的发病状况，凡发生软腐病、黑斑病、病毒病和霜霉病者一律淘汰，如田间普遍发病，则入选高抗植株。

株型：宜选较紧凑的植株，主要涉及的是初生莲座叶的长短、长相和大小，以直立或半直立者好，叶片不宜太大。

抗性及其他特殊性状的选择：应在适宜的环境和栽培季节选择，否则选择无效。

（5）株选方法。

单一性状选择：根据性状的重要性和出现的先后逐次淘汰的一种选择方法，每次选择只选一个性状。又分为分项累进淘汰法和分次分期淘汰法。分项累进淘汰法是根据性状相对重要性排列，把重要性状排在前面。先按第一性状选株，然后在入选株内选第二性状，顺序累进。前面入选株多，后面依次减少。分次分期淘汰法一般分为初选、复选和决选三次鉴定选择。在白菜薹育种中可按莲座期、抽薹期和始收期或侧薹采收三个阶段进行选择。如果决选20～30株，则复选40～50株，初选需入选60～70株。初选时的目标性状为莲座叶生长形态、叶形、叶色和叶柄色等；复选则选熟性（播种至开始采收的天数），按原确定的天数选株，还参考薹长、薹粗和薹叶大小、形态、色泽；第三次选择在侧薹采收时记载每个侧薹重量、长短、粗细等，按既定标准入选，入选株进行蕾期套袋自交，或母系法采种，采用母系法采种时，于开花前拔除所有被淘汰植株，严防劣株花粉污染入选株。

综合性状选择法：首先确定要选择哪些目标性状，按其重要性依次排列，最重要的目标性状排在前面，并确定每个性状的最高分，总分为100分。最后将植株各性状的分数加在一起，计算该植株的得分，入选分数高的植株。可以参考下列一些性状的计分情况。

单株产量（30分）、口评结果（25分）、抗病性（20分）、植株形态（15分）、薹长度和薹直径（10分）。

单株产量最高者计满分，最差者分数不低于满分的70%，其他性状也一样计分。这样选择的目的是入选那些综合性状优良的植株，使这些植株不因为某单一性状而被淘汰，但实际操作起来比较麻烦。有经验的育种工作者凭直观筛选就可鉴定出哪些植株好，哪些植株不好。

2. 选择程序

在选择育成新品种的过程中，必须按照一定的步骤进行，通常将单株选择的选种程序分为原始材料、株系比较、品比试验、区域试验和生产试验等几个阶段。

（1）原始材料圃。原始材料圃是将所收集的种质材料栽植一个小区，每个小区种植30～50株，每隔5～10个小区设一对照。以本地主栽品种为对照，以衡量参试材料的优劣和确定取舍。要求栽培条件一致，最好进行秋冬栽培和春播栽培两次试验。通过比较淘汰那些明显比对照差的材料，在入选材料中选择优良单株并进行蕾期套袋人工辅助授粉，分别采种，下代即成一个株系。

（2）选种圃。在这个圃中栽种从原材料圃中入选的单株或集团的后代，供比较、鉴定和选择之用。并从中选出优良株系（或集团）供下一代品比之用。

栽植方式为每个株系种一个小区，每小区栽30~50株，5~10个小区栽一个对照品种，一般采用顺序排列。从中选择优良株系或单株，入选的单株套袋自交采种。入选的株系可选择其中30~40株的花粉混合后给每个入选株授粉，最好是在隔离区自由授粉，如果有传粉昆虫，也可用网室隔离采用。根据条件确定采种方式。但必须能收到较多种子，满足下一步品种比较试验的种子要求。特殊优良株系应在品比试验时同步进行区域试验，甚至生产试验。所以需要较多种子。选种圃入选的株系应控制在10个以内。

（3）决选圃。所谓决选圃即通过比较试验，决定1~3个品系成为新品种。将选种圃入选的几个品系或优良株系后代，进行全面的比较鉴定，同时观察记载它们更多的特征特性，特别是那些比对照品种更优异的性状。栽植方式，在主要生产季节种植，每个小区30~40株，设4次重复，区组内随机排列，以主栽品种为对照。一般为1~2年或2~3个不同的栽培季节，最后综合几次试验结果，确定1~3个品系上升为品种，在隔离区繁制种，供区域试验和生产试验之用。

（4）区域试验和生产试验。区域试验是将入选品种供给不同栽培地区作适应性试验，凡准备推广的省市均应请人试种，面积可大可小，选在当地表现好的品种推广。生产试验是将表现好的品种扩大种植作生产示范，以评价其增产潜力和推广价值。也要用主栽品种作为对照。

（五）育种方法

十字花科蔬菜常用的育种方法有选择育种、杂交育种、单倍体育种和转基因育种等，这些育种方法在白菜薹育种中都可以充分利用，本项目利用的主要是传统的选择育种和杂交育种。

1. 选择育种

早期的品种主要是通过优良单株的选择，是经过多代比较试验，从而育成新品种或优良自交种，也是常规品种。

2. 杂交育种

早期，我国生产上使用的菜薹品种大部分是地方农家品种，这些品种对当地自然环境和栽培条件都有很好的适应性，又基本符合市场的需求，在生产上起过不小的作用，当选择育种效果达不到市场对新品种的新要求时，开始使用杂交技术创造新品种或优良自交系。

20世纪70年代以来，选育和利用优良一代来提高菜薹的产量、品质和抗性的优势育种开始迅速地发展，逐渐成为我国菜薹育种的主要途径。

杂交育种是不同品种间杂交获得杂种，继而在杂种后代进行选择以育成符合市场需求的新品种。杂交育种通过杂交、选择和鉴定，不仅能够获得结合亲本优良性状于一体的新类型，而且由于杂种基因的超亲分离，尤其是那些和经济性状有关的微效基因的分离和累积，在杂种后代群体中还可能出现性状超越任一亲本，或通过基因互作等因素，可以产生亲本所不具备的新性状的类型。

白菜薹一般是两性花（雌雄同花）的异花授粉蔬菜作物，具有明显的杂种优势，但由于其花器官较小，单花结实少，单位面积上用种多，不可能用人工授粉杂交繁育生产上使用的杂交一代种子。要充分利用杂种优势，必须首先解决大量制种的技术问题。因此，需要找到杂交制种的方法。目前雄性不育系是其杂种优势利用的理想方法。白菜薹雄性不育指的是白菜薹中的雄性器官退化或丧失功能，但雌蕊发育正常。

（1）自交不亲和系类型。自交不亲和现象在十字花科植物中普遍存在，选育自交不亲和系配制一代杂种，是十字花科蔬菜作物杂种优势利用的重要途径。利用自交不亲和系配制杂种一代省时、省工，可以保证较高的杂交率。因此，多数研究者认为利用自交不亲和系配制F_1杂种是比较有效和实用的手段。但由于白菜薹自交不亲和系需要在蕾期授粉繁殖种子，造成种子生产成本高，而且一些自交不亲和系经过连续多代自交，生活力衰退，自交不亲和性减弱，从而可能影响杂种一代种子的产量和质量。

（2）雄性不育遗传类型。根据雄性不育基因在细胞中位置的差异，雄性不育分为细胞核雄性不育、细胞质雄性不育和核质互作雄性不育3种类型。

细胞核雄性不育（GMS）：由核基因控制的雄性不育遗传类型。根据不育与可育基因之间的显隐关系，分为显性不育和隐性不育。大多数的雄性不育的发育过程都受到核基因的控制，同时修饰基因和微效基因对作物育性也有一定的影响。

细胞质雄性不育（CMS）：细胞质雄性不育是一种以母性遗传为基础致使不能孕育有活力或可育花粉的现象。其中细胞质雄性不育首先表现在花器官的形态上，花器官多数表现为雄蕊退化，花冠、花丝短小等。最初不育源是突变出来的。细胞质雄性不育系类型少，目前应用的大多是由Ogu CMS和Pol CMS转育而来。

Ogu CMS：第一个细胞质雄性不育源是Ogura，是1968年在日本萝卜繁种田中发现的胞质不育材料，并育成雄性花蕊败育彻底的不育系，命名为Ogu CMS。它不受环境条件影响，不育完全，不育性稳定，但存在低温黄化、雌蕊不正常、蜜腺少等缺陷。

Pol CMS：傅廷栋1972年春在中国油菜育种过程中首先发现了自然突变植株油菜不育株，称为"玻里玛"细胞质雄性不育株。通过田间环境敏感植株长时间筛选保持系育成稳定的玻里玛不育系，是不育胞质不育系（简称为Pol CMS）。该不育系根据其保持系对温度的敏感与否分为高温不育型、低温不育型和稳定型三种。大量保持系经过筛选，最终选育出的稳定Pol CMS，这份不育种子资源材料在十字花科的雄性不育系选育中得到广泛的利用。通过属间或种间杂交是获取细胞质雄性不育（CMS）资源的有效方式。

3. 雄性不育材料的获得

目前，细胞质雄性不育系大多是由种间或属间杂交、回交获得，一般是回交6代以上获得稳定遗传。主要获得方式有以下几类。

（1）自然突变。在自然条件下，由于核或者细胞质基因亦或者两者相互突变导致的雄性不育。

（2）属间、种间、亚种间杂交和回交转育。细胞质雄性不育遵循母系遗传的特点，可以通过将细胞质雄性不育源与十字花科蔬菜进行不断地杂交和轮回回交，将不育基因转育到可育植株体内，得到异质源的不育系。

（3）理化诱导。通过化学诱导和物理诱变获得雄性不育材料，同时温度和光照强度等环境因子也影响雄性不育的表达。此种方法在育种上很少应用。

4. 雄性不育性的转育

细胞质雄性不育性是由核-质交互作用产生的。在这种类型的细胞质中，有一种主宰不能形成正常雄配子的胞质因子（S），而核内具有一对或几对影响细胞质不育性的基因。核内的基因MSMS，能使细胞质不育类型的基因型恢复为可育，称为恢复基因，其等位隐性基因是msms，即不育基因。所以不育类型的基因型为S（msms）。而可育类型的细胞质中具有正常的遗传物质（N），核内具有同质结合的恢复基因MSMS，有的是异质结合的恢复基因

Msms，有的为不育基因msms，若将细胞核和细胞质内遗传物质相结合，则有六种基因型。利用细胞质雄性不育系杂种，必须实现三系配套。需要选出不育系、保持系和恢复系。在生产杂种时，至少要设立两个隔离区，以便可同时繁殖不育系和配制杂交种（表2-1）。

表2-1　核质相互作用的六种基因型

类型	同质结合恢复基因 MsMs	异质结合恢复基因 Msms	同质结合不育基因 msms
可育型（N）	N（MsMs）可育	N（Msms）可育	N（msms）可育
不育型（S）	S（MsMs）可育	S（Msms）可育	S（msms）不育

注：基因型S（msms）为不育系，N（Msms）可育为保持系，N（MsMs）可育为恢复系。

第三章 雄心一号（秋香828）的选育过程

雄心一号（秋香828）是通过育种目标的确立，种质资源的收集和整理，选种，雄性不育的杂交优势利用等方法选育而成的新型白菜薹品种。

一、育种目标的确立

华南地区，特别是广东地区，人们特别喜欢吃菜心；而长江流域，人们特别喜欢吃红菜薹、小白菜薹、大白菜薹等薹菜。叶菜类中，薹菜的消费量占比很大，尤其是广东的菜心和湖北的红菜薹。薹菜中最好吃的是大白菜薹。但是大白菜抽薹前需要低温春化，在自然条件下只有在春季中一个短暂的时期可以吃到大白菜薹。

深圳市农作物良种引进中心（2011年与深圳市农业科技推广中心合并成为深圳市农业科技促进中心）于1998年开始从红菜薹不育系中转育菜心雄性不育系，2007年已经获得比较成熟的菜心不育系。菜心、红菜薹的抽薹开花不需要低温春化，与菜心、红菜薹杂交的杂交一代品种抽薹开花也不需要春化。因此，这些研究为大白菜薹的选育提供了宝贵的经验。深圳市农业科技促进中心长期从事蔬菜种质资源的收集、保存、评价与利用等相关工作，也获得了大量早熟优质相关白菜资源。

根据市场需求，白菜薹杂交种的生育期应该为55～65 d，易抽薹，不需要春化作用，产量在1 500 kg以上较为合适。

二、育种方法的确定

研究初期考虑选择易抽薹的大白菜作父母本，利用杂种优势，配制杂交组合，但现阶段仍未发现有易抽薹大白菜种质资源，较难实现。因此，考虑用大白菜作父本，改良菜薹的品质，利用菜心或红菜薹作母本，克服大白菜需要低温春化的局限。

选择菜心或红菜薹细胞质雄性不育系作母本。主要的原因是细胞质雄性不育系在十字花科杂种优势利用中比较成熟，有一定的研究基础。同时，克服了自交不亲和系难以扩繁的弱点。菜心、红菜薹的生育期较短，转育成不育系比较容易。大白菜生育期较长，抽薹开花需要低温春化宜作父本。

三、种质资源

深圳市农业科技促进中心一直坚持对耐热叶菜种质资收集、保存、评价与利用工作，在白菜资源的收集中，收集的大白菜资源有早熟五号（温州三角牌）、快菜、小杂56（北京京研益农）、夏阳白菜、黄金散叶（香港黄清河）、丰山三号、丰山七号（台湾）、湖南早熟白菜等。在菜心种质的收集中，收集的优良菜心资源有49菜心、锦早菜心、巨人菜心、粗条菜心、碧绿粗薹、油青50天、31号甜菜心、迟心5号、福田菜心等。

四、不育系的选育

（一）第一阶段：不育系的选育

第一阶段于1998—2006年在深圳市农业科技促进中心试验示范场和内蒙古自治区包头市进行。

不育系的选育最关键的是不育源的获取，而转育是最简捷的获取途径。经充分考察论证，最终选择华中农业大学晏儒来教授选育的"40天"红菜薹不育系作为不育性输出亲本。该"40天"红菜薹不育系是用武汉当地"大股子"红菜薹作转育亲本，转育Pol CMS雄性不育系，经过4年6代的选择，于1992年选育获得不育率达100%的原始不育系，进一步改良不育系的组合性状而得，从播种到开花40 d左右。

1. 第一代选育

选育地点在深圳市农业科技促进中心试验示范场。

父本的选取：通过转育要得到性状多样化的不育系，需选择较多品种的菜心，选择主要有不同熟性，不同叶色薹色，不同季节栽培的华南地区主栽品种。这些材料包括油青45天菜心（331）（9901）、特纯油青49菜心（9902）、香港特选49菜心（9903）、香港特青50天菜心（9904）、中花黄60天菜心（9905）、特青70天菜心（9906）、油青80天菜心（9907）、49菜心（9908）、特青80天菜心（9909）、特青80天菜心（9910）等。

测交：将红菜薹不育材料和被转育的菜心品种同时播种于杂交圃。开花时，选优良的雄性不育株与菜心杂交、每个不育株用3个菜心植株的花粉授于不同枝条上，授粉后，将枝条套上硫酸纸袋，用回形针扎紧，编号，挂牌，一般授1~2次粉。取花粉的菜心植株均进行套袋自交，种子成熟后分别编号脱粒采种。第一次测交共得144份测交种，编号为9901-1~9901-14，9902-1~9902-16，9903-1~9903-15，9904-1~9904-15，9905-1~9905-14，9906-1~9906-15，9907-1~9907-17，9908-1~9908-14，9909-1~9909-12，9910-1~9910-12。菜心自交种也是144份，编号为S01-1~S01-14……S10-1~S10-12。

2. 第二代选育

选育地点在内蒙古自治区包头市农业科学研究所。

144份测交种在内蒙古自治区包头市进行加代选育，进一步开展测交种育性表现及选育试验。测交种于4月在大棚中播种，菜心自交系晚播10 d，于5月中下旬先后开花，6月下旬采种。

测交种生长势表现都很强，植株形态介于红菜薹和菜心之间，叶色绿、菜薹和叶柄基部红，植株具红菜薹的多薹性，侧薹较多。

从测交一代中可育的5种基因型同时存在，其中在菜心的多品种大群体中又以异质结合的恢复基因型为主，因为50%左右不育率的测交组合有31个，占总测交组合的29.5%，如果扩大到20%~80%，则所占比例为56.7%，这接近S（msms）×S（Msms）的后代不育率分离比例。同时，大群体同质结合恢复基因所占比例也达27.9%；而近于同质结合的N（msms）却很少，只有4份，即9901-3、9902-4、9902-12、9905-11占总测交组合的3.8%。

不同品种所携带的N（msms）数是不同的，9905的测交组合不育率达55.7%，而9902却只有26.0%。

利用已有雄性不育系转育，是选育新不育系的捷径，因为测交一代便可得到约37%的不育株，有足够的选择余地。

从测交一代3 948株中得到1 470个不育株，依照目标性状不育率-形态-熟性-薹上蜡粉-薹的颜色-生长势等性状进行选择，入选了其中140株（A系），与其相对应的菜心（B系）进行成对回交，每个组合作5～10对，得到回交一代种子140份和菜心自交种子140份。其中9901-3有10株，9901-5有4株，9902-4有6株，9902-12有10株，9903-1有4株，9903-8有8株，9903-9有6株，9903-9有6株，9903-14有6株，9904-4有8株，9904-10有6株，9904-14有2株，9905-7有8株，9905-8有6株，9905-11有8株，9906-6有4株，9906-11有4株，9906-12有4株，9906-15有3株，9907-10有4株，9907-16有6株，9907-17有4株，9908-8有4株，9909-1有4株，9909-3有6株，9910-11有6株。其中，重点株系是9901-3、9901-5、9902-4、9902-12，9903-8、9903-14，9904-4、9904-14，9905-7、9905-8、9905-11，9906-6、9906-12，9907-16，9908-8，9909-1、9909-3，9910-11等（表3-1）。

表3-1　杂交组合后代育性表现

菜心品种	组合数/个	总株数/株	不育株数/株	不育株数占比/%	不育系组合个数/个						
					k>90%	80%<k≤90%	60%<k≤80%	40%<k≤60%	20%<k≤40%	不育率0<k≤20%	k=0
9901	10	466	192	41.2	1		1	4	2		2
9902	14	616	160	26.0	2			1	3	1	7
9903	11	506	227	44.8		1	3	5	1		1
9904	11	487	164	33.7				6	2		3
9905	9	440	245	55.7	1	2		3	2		1
9906	10	292	99	33.7		2		2			6
9087	14	424	121	28.5		1		4	5	1	3
9908	7	235	87	37.0			1	3	2		1
9909	8	188	82	43.6		1		2	2	2	1
9910	10	294	93	31.6			2	1	2	1	4
合计	104	3 948	1 470	37.2	4	7	7	31	21	5	29

注：k为不育率。

3. 第三代选育［回交一代（BC₁）］

BC_1的选择种植地点仍在内蒙古自治区包头市农业科学研究所进行。

回交是用两个亲本杂交后，通过用杂种与亲本之一继续杂交，即（A×B）×B。连续多代重复回交把亲本B的某些特定性状导入亲本A的育种方法即为回交育种。当某一优良品种或品系综合性状优异，但尚缺少一两个特定有利性状，而另一材料恰好具备这一两个性状时，常应用回交育种把后者特定有利性状导入前者，使它更加完善。

BC$_1$共种植49个株系，计780株，其中不育株580株，总不育率为74.3%，从中筛选到全不育株系12个。BC$_1$的形态逐步接近菜心，菜心自交系明显退化，因此开始采用同型2～3株进行花粉混合授粉。

4. BC$_2$的选育

种植地点是深圳市农业科技促进中心试验示范场。

BC$_2$共种植41个不育株系和对应的41份自交系。不育株系共种植721株，其中不育株608株，总不育率达84.3%。其中获得全不育株系14个。回交株植株形态逐步接近菜心。为了提高菜心自交系的生活力，自交时均采用系内3～5株混合花粉授粉。

5. BC$_3$的选择

种植地点是深圳市农业科技促进中心试验示范场。

BC$_3$的选择共播不育类株系32个，717株。其中不育株597株，总不育率达83.3%，全不育的株系有18个，即9901-3-6-1、9901-3-6-2、9901-3-9-1、9901-5-1-5、9901-5-1-8、9902-12-2-5、9902-12-2-7、9903-8-6-4、9903-14-5-3、9903-14-4-5、9904-4-5-1、9904-14-8-4、9905-11-5-5、9905-11-5-7、9905-11-7-1、9905-3-5-2等，及其相应的保持系，还有一批纯度较高的自交系，如S02-12-2-5、S02-12-2-7，S04-4-5-1，S08-8-3-2，9903-3-5-1，S05-11-5-5，S03-14-5-5等。至此，不育系和保持系的选育工作已初步完成。

6. 不育系的扩繁

不育系的扩繁在内蒙古自治区包头市进行。

选育的不育系有没有利用价值，关键要看在实践应用中表现出的效果。要利用就首先得对不育系进行扩大繁殖。繁殖方法是将不育系及对应的保持系种在同一个隔离效果非常好的空间内，分开种植，借助虫媒或人工辅助授粉，不育系上采收的种子为不育系，保持系上采收的种子为保持系，一般情况下，保持系单独扩繁，目的是避免不育系中可能存在的可育株少量花粉对保持系造成污染。

隔离的方法有时间隔离和空间隔离。利用时间隔离时，安排不同的播种期，使得需要隔离的品种在花期不相遇。空间隔离则要求在不育系繁殖的花期，繁殖区1 000 m内不能有十字花科芸薹属的作物开花。

（二）第二阶段：不育系的转育

第二阶段于2007—2015年主要在深圳市农业科技促进中心试验示范场进行。

1. 菜心不育系的转育

2007—2015年开展菜心不育系的转育，不育源利用9902-12-2-5-1-1菜心雄性不育系，该不育系的不育源来自红杂50的9904不育系，蔡兴利特纯油青49菜心作保持系转育。

菜心资源材料有天绿一号特早、粗条菜心、巨人菜心（香港睢勤种业）、碧绿粗薹（广东省农业科学院）、福田菜心（博罗农家种）、49菜心、31号甜菜心、油青50天、迟心5号。以上均为深圳市农业科技促进中心自留提纯种，经过品质品评，选定碧绿粗薹、31号甜菜心、迟心5号、福田菜心等材料中各筛选出8～10株作为转育目标和9902-12-2-5-1-1进行测交。

BC_1回交一代的选育：测交种31号甜菜心中以31-2、31-10为父本的不育率高；碧绿粗薹以BLC-1、BLC-3、BLC-7为父本的不育率高；福田菜心各个对应的不育率都高；迟心5号各个对应均不超过50%。

继续回交：在雄性不育率高的对应中选择菜心作父本，与之前的不育株继续回交，至2009年基本获得相对较纯的不育系，但由于2009年、2010年连续两年深圳市农业科技促进中心试验示范场的水源受除草剂森草净的影响，很多高代材料损失严重。2011年又重新从2008年的测交材料中找到保留材料重新转育。2011年和2012年重点在测交种选择不育率比较高的对应，一对一地回交，共进行了三代。2013年开始对不育率达到100%而且保持系比较整齐的，对应进行混合花粉授粉。2014年对育成的十几个不育系敞开授粉观察各不育系上结籽情况，淘汰结籽不高的不育系，最后选定：BC-blc-7-1-1-1-1（blc-7-1-1-1-1）、BC-31-10-5-2-1-1（31-10-5-2-1-1）、BC-FT-3-7-1-1-1（FT-3-7-1-1-1）。

2. 红菜薹不育系的选育

以9804红菜薹不育系为起始源进行转育（此不育源由华中农大晏儒来老师提供），以早熟红菜薹单株为父本进行不断回交，育成红杂40A不育系。

五、早熟大白菜的选育

收集的大白菜资源有丰山三号，丰山七号（台湾），良庆，剑春，F91、F93、F95、F96、F97、F101，黄金散叶（香港黄河清），快菜，白杂56、白杂65（北京），早熟5号（温州），湖南早白菜薹（农家种）。

每年秋冬季节种植，抽薹开花后主要做单株自交，由于深圳的冬季温度高，很多大白菜不能抽薹，能够抽薹的主要有早熟5号、湖南早熟白菜薹、黄金散叶、快菜、夏阳、T-40等白菜。经过田间品鉴，品质优的有黄金散叶WT-4-2-4-7、早熟5-4-3-1-4、hnzbct-1-7-1-4-1-1等4个株系宜用作父本。

六、配制组合实现目标

配制组合要大胆设计和小心求证，最初想法是通过在种质资源材料中筛选出无需春化的早熟白菜自然抽薹获得，但经过多年多代的努力，仍未获得有突破性的品种。

而后开始利用早熟白菜作父本，利用无需春化的红菜薹材料作母本来配制组合，配制出的白杂1、白杂2、白杂3、白杂1305、白杂0808等组合比常规菜薹有优势。几个白菜薹新品种的品种比较试验结果表明，白杂3号产量优势相对比较好，但是在组合的后续试验中，最好的组合白杂3号在不同的季节表现出性状存在比较大的差异，尤其是在低温季节薹变紫红，和喜温季节的表现不一致，推广存在困难。

利用早熟白菜作父本，利用无需春化的菜心为母本配制的新组合（BC-31×早熟白菜），用白杂3号作对照进行品种比较试验，BC-31×早熟白菜表现突出。经过初次试验、品种比较试验、多年多点试验、推广应用试验，均表现突出，产量高、品质优、口味好，更重要的是能实现周年供应。具体情况如下。

2013—2014年，配制的组合在深圳和武汉进行了种植试验，参试材料有1304、1305、1306、1308、特选49、红杂60、早白菜薹Ⅲ等。试验结果表明，1304、1305、1308较好，分别较早白菜薹，较对照增产40.45%、24.18%和11.38%。研究结果也表明，白菜薹杂种一代在产量和成熟期方面都有很大的突破，能够更好地满足生产发展的需要（详见附录2）。之后，命名1308为白杂3号、1304为白杂4号。

2016年，配制的组合白杂4号、雄心一号（秋香828）、雄心二号、芈心一号、芈心二号、白杂3号（对照）在深圳市农业科技促进中心试验示范场进行品种比较试验。此试验以近年来生产中表现较好的白杂3号白菜薹作为对照，旨在筛选出产量高、农艺性状好的新品种，为生产者提供品种信息参考。结果表明，白菜薹新品种雄心一号（秋香828）、芈心一号比对照白杂3号，在产量、品质、生长势及成熟期方面的优势更为明显，而且性状较稳定，作为市场推广更具优势（详见附录3）。雄心一号（秋香828）是利用菜心细胞质雄性不育系BC-31-10-5-2-1-1作母本，该不育系是1999年利用红杂50的不育系9904A作不育源，31号甜菜心作保持系转育而成的。叶柄、薹和叶均为绿色，叶面平滑，叶卵圆形。利用早熟白菜2-1-1-1-1-1-1-2-1作父本，该父本是由早熟白菜单株自交选育而成。叶柄绿白色，基叶绿色，叶面微皱，叶卵圆形。

2016年秋季，雄心一号（秋香828）、芈心一号在惠州市农业科学研究所汤泉基地进行生产试验。雄心一号（秋香828）表现为亩产达到1 667.5 kg，播种至开始采收为55 d，延续采收35 d，全生育期为89 d，属于中熟品种，薹叶深绿色，叶形近圆，叶面微皱，叶柄色白绿，株型开展，生长势强，口感好，风味甜，对霜霉病、软腐病、黑腐病等表现均为高抗病（详见附录4）。

2017年秋季，在深圳市农业科技促进中心试验示范场、博罗县农业技术推广中心博罗县农业科技示范场示范基地、江门市农业科技研究所、深圳市嘉农现代农业发展有限公司连州基地进行多点生产试验。深圳、惠州、江门、连州等地试验结果均表明，雄心一号（秋香828）是一个类型新颖、性状稳定、丰产性好、品质优良的白菜薹新品种。其中，在深圳市农业科技促进中心试验示范场表现为雄心一号（秋香828）亩产是1 092.84 kg，播种至开始采收为56 d，延续采收23 d，全生育期为79 d，属于早熟品种，薹叶深绿色，叶形近圆，叶面微皱，叶柄色白绿，株型开展，生长势强，口感好，风味甜，该品种对耐热性、耐旱性、耐寒性均表现为强，对霜霉病、软腐病、黑腐病等表现均为高抗病（详见附录5）；在博罗县农业技术推广中心博罗县农业科技示范场示范基地表现为雄心一号（秋香828）亩产达到1 747.5 kg，播种至开始采收为56 d，延续采收37 d，全生育期为92 d，薹叶深绿色，叶形近圆，叶面微皱，叶柄色白绿，株型开展，生长势强，口感好，风味甜，对霜霉病、软腐病、黑腐病等表现均为高抗病（详见附录6）；在江门市农业科技研究所表现为雄心一号（秋香828）亩产达到1 593.57 kg，播种至开始采收为55 d，延续采收33 d，全生育期为87 d，薹叶深绿色，叶形近圆，叶面微皱，叶柄色白绿，株型开展，生长势强，口感好，风味甜，对耐热性、耐旱性、耐寒性均表现为强，对霜霉病、软腐病、黑腐病等田间表现均为高抗病（详见附录7）；在深圳市嘉农现代农业发展有限公司连州基地进行生产试验表现为雄心一号（秋香828）亩产达到1 667.5 kg，播种至开始采收为56 d，延续采收37 d，全生育期为92 d，薹叶深绿色，叶形近圆，叶面微皱，叶柄色白绿，株型开展，生长势强，口感好，风味甜，该品种对耐热性强、寒害和干旱均未发生，对霜霉病、软腐病、黑腐病等表现均为高抗病（详见附录8）。

七、雄心一号（秋香828）的选育结果

（一）丰产性

1. 品种比较试验

2016—2017年在深圳市农业科技促进中心试验示范场进行雄心一号（秋香828）品种比较试验，小区面积15 m²，3次重复，随机区组排列。以早熟白菜薹作为对照，株行距为40 cm×30 cm，育苗移栽，四周设2行保护行，保护行采用同品种延伸。2016年折合产量为1 717.30 kg/亩，比早熟白菜薹增产4.19%，2017年折合产量为1 092.84 kg/亩，比早熟白菜薹增产61.76%（表3-2）。

表3-2　雄心一号（秋香828）品种比较试验产量结果

年份	品种	产量/（kg/亩）	增产/%
2016年	雄心一号	1 717.30	4.19
	早熟白菜薹	1 648.23	—
2017年	雄心一号	1 092.84**	61.76
	早熟白菜薹	675.60	—

注："**"表示与对照（早熟白菜薹）差异极显著（α=0.01）。

2. 区域试验

2016—2017年分别在惠州、清远和江门进行区域试验，采用随机区组排列，设3次重复，小区面积20 m²，深沟高畦，畦宽为1.5 m，种植密度为40 cm×30 cm，育苗移栽，四周设2行保护行，保护行采用同品种延伸。2016—2017年在惠州、清远和江门的区域试验，产量都比早熟白菜薹高产（表3-3）。

表3-3 雄心一号（秋香828）区域试验

年份	地点	品种	产量/（kg/亩）	增产/%
2016年	惠州	雄心一号	1 747.50	3.56
		早熟白菜薹	1 687.50	—
	清远	雄心一号	1 614.10	1.68
		早熟白菜薹	1 587.50	—
	江门	雄心一号	1 593.57	5.57
		早熟白菜薹	1 509.42	—
2017年	惠州	雄心一号	1 614.10	5.21
		早熟白菜薹	1 534.10	—
	清远	雄心一号	1 667.50	2.46
		早熟白菜薹	1 627.50	—
	江门	雄心一号	1 600.80	1.70
		早熟白菜薹	1 574.10	—

生产示范：自2016年以来，雄心一号（秋香828）在广东、宁夏、河南、云南等菜薹主栽基地进行生产示范和推广应用，由于生长势强，整齐度高，商品性好，口感佳，推广面积随着雄心一号（秋香828）的亲本数量的扩大而不断增加，种子供不应求，市场反应良好。宁夏每亩产量最高达到2 000 kg以上，河南每亩产量均达到2 000 kg以上。云南红河州和曲靖市每亩产量均达到1 700 kg以上（表3-4）。

表3-4 雄心一号（秋香828）示范推广产量结果

年份	地点（季节）	采收期/d	延续采收/d	产量/（kg/亩）		增产/%
				雄心一号	早熟白菜薹	
2018年	惠州（秋）	45	25	1 738.22	1 524.49	14.02
	宁夏（早春）	50	30	2 014.61	1 750.16	15.11
	宁夏（越夏）	42	20	1 623.32	1 457.85	11.35
	宁夏（秋）	45	20	1 603.50	1 467.73	9.25
	河南（早春）	50	30	2 003.58	1 778.75	12.64
	云南红河（春）	45	26	1 766.80	1 572.45	12.36
	云南曲靖（秋）	48	25	1 705.63	1 500.77	13.65

（续表）

年份	地点（季节）	采收期/d	延续采收/d	产量/（kg/亩）		增产/%
				雄心一号	早熟白菜薹	
	惠州（秋）	45	25	1 798.30	1 560.62	15.23
	宁夏（早春）	50	30	2 086.36	1 831.91	13.89
	宁夏（越夏）	43	20	1 689.30	1 481.45	14.03
2019年	宁夏（秋）	45	20	1 653.50	1 454.91	13.65
	河南（早春）	50	30	2 016.67	1 765.91	14.20
	云南红河（春）	45	26	1 769.02	1 556.41	13.66
	云南曲靖（秋）	47	25	1 756.82	1 593.78	10.23
	惠州（秋）	45	25	1 758.65	1 530.73	14.89
	宁夏（早春）	50	30	2 056.45	1 753.90	17.25
	宁夏（越夏）	43	20	1 702.32	1 544.33	10.23
2020年	宁夏（秋）	45	20	1 624.30	1 459.65	11.28
	河南（早春）	50	30	2 056.64	1 778.02	15.67
	云南红河（春）	46	26	1 752.24	1 551.20	12.96
	云南曲靖（秋）	48	25	1 738.80	1 582.74	9.86

（二）品质

薹叶色深绿，叶形近圆，叶柄色白绿，生长势强，整齐度高，商品性好。口感好，风味甜，可溶性固形物浓度薹约3.3%，薹叶柄约2.2%，薹叶片约7.0%。

（三）抗性

2016—2017年雄心一号（秋香828）在惠州、江门、清远和深圳品种比较试验和区域试验中均未发生霜霉病、软腐病、黑腐病，发病率为0。早熟白菜薹霜霉病、软腐病、黑腐病的发病率各地平均分别为3.2%、1.3%和0.8%，自品种推广以来，均未收到霜霉病、软腐病和黑腐病发病的病情反馈。此品种对耐热性、耐寒性、耐旱性表现为强。

（四）品种特征特性

新品种播种至开始采收为55 d，延续采收48 d，属于中早熟品种，半包叶，外形像白菜，抽薹不需低温春化。叶色绿，薹叶色深绿，叶形近圆，叶面微皱，叶柄色白绿，株型开展，生长势强，口感好，风味甜，平均株高41 cm，株幅48 cm，基叶数平均为17.70个，平均叶长22.6 cm，叶宽19.7 cm，叶柄长13.5 cm，叶柄宽3.2 cm，主薹长27.9 cm，侧薹长27.9 cm，主薹粗2.8 cm，侧薹粗1.8 cm，平均总薹数为10.2个，主单薹重239.8 g，侧单薹重64.6 g，产量可达1 500 kg/亩以上。最适合生长温度15～25℃。前期可耐高温，后期可以耐0℃以下低温。

第四章 雄心一号（秋香828）配套栽培良法

科学合理的栽培技术，可以提高白菜薹的产量和品质，减少病虫害的发生，降低成本，增加收益。

一、生产地区及生长季节

雄心一号（秋香828）最适生长温度为15～25℃，较耐高温和低温，高于30℃时品质下降，低于10℃时生长缓慢，食味更佳。育苗移栽需要种子30g左右，直播栽培需要种子200g左右。

（一）深圳及周边地区

深圳及周边地区8月底至12月中旬可育苗移栽或直播，12月中旬至翌年3月初宜直播密植。

（二）云南地区

云南地区种植栽培主要集中在文山、红河、昆明、曲靖、楚雄等地，产量和品质皆佳，播种面积逐年增加，种植规模越来越大。文山、红河等河谷地区以冬季种植为主，昆明、楚雄、曲靖等高原地区以夏季种植为主，菜薹可实现周年供应市场。

（三）甘肃和宁夏地区

甘肃和宁夏地区3月初至9月初均可播种，3月初至4月底宜直播，5—8月可直播也可育苗移栽，9月宜直播。5月初至11月均可生产秋香薹，供应时间达半年以上。截至2022年，甘肃和宁夏地区3—9月的种植规模已近5万亩/年，播种面积在逐年增加，经济和社会效益明显。

（四）湖南和湖北地区

湖南和湖北地区8—10月可播种，8月至9月底宜育苗移栽10月宜直播。

（五）河南地区

河南地区8月初至9月，翌年1月中旬至3月初均可直播。

二、选地整地

（一）地块选择

选择土地平整、排灌较好、土壤肥沃、富含有机质，通气性好、水源清洁，pH值约为6，避免连作，选择或安排具有1茬以上十字花科蔬菜轮作期的地块进行种植，多年连作的蔬菜容易使土壤中微量元素缺乏，同时也会使病虫增加。

（二）土地平整

种植前翻耕整地，翻耕前先清洁田园，深施多施有机肥，每亩施有机肥1 000 kg以上、复合肥50 kg，均匀撒施底肥后将进行深耕将肥料翻入土中。甘肃和宁夏地区最好每年11月中下旬冬灌，水漫过畦面，立春后3月初带冰整地。

（三）开沟建畦

宜采用深沟高畦种植，沟深可控制在20 cm左右，沟宽30 cm左右，畦面包沟以1.4～1.5 m为宜。平整畦面，将畦面耙平、耙细，这样安排既有利于充分利用土地，又有利于采摘。

三、栽培方式

（一）直播栽培

主要以直播为主，每亩用种子200 g左右撒播，将畦面铺上喷管，将畦面喷湿，然后盖上遮阳网保湿，出芽前不要移动遮阳网，出苗前不喷水，出苗

2～3 d才揭去遮阳网，用微喷带喷少量水，雾化喷水为好，保持水土湿润，播种时避免暴雨天气，防止雨水冲刷。

（二）育苗移栽

宜采用72～108孔穴盘，育苗专用基质育苗，播种深度1 cm左右，当苗龄20～22 d，三至四叶一心时定植移栽。要合理密植，如果是一次性收主薹，株行距建议采用25 cm×30 cm，每亩定植8 500株左右；如果主侧薹兼收，株行距建议采用30 cm×35 cm，每亩定植6 000株左右，定植后要浇足定根水。移栽后根据苗的生长情况及时补苗。

四、水肥管理

施肥以基肥为主，多使用有机肥的菜薹味甜，色泽和品质皆佳，根据生长情况，适当追肥，有利于提高菜薹品质和产量，晴天在傍晚追肥，要防止肥水烧伤叶片。

（一）直播水肥管理

出苗前保持土壤湿润少喷水，出苗后揭开遮阳网，喷湿缓苗；当第一片真叶长出来后少量追施提苗肥，用速效氮肥提苗，每亩5 kg左右，浓度控制在0.3%以下，喷水肥要轻柔；当苗长至三至四叶一心时，开始间苗，除去起节苗、劣苗和杂种苗，补上空缺苗，保持株距10～15 cm，施促苗肥，每亩用高氮复合肥10～15 kg，浓度控制在0.4%以下进行喷施；七至八叶一心时定苗，根据一次性收主薹或主侧薹兼收的栽培计划进行定苗，拔除多余的苗，追施高氮复合肥，每亩用15 kg进行穴施或撒施；采收主薹后，每采收一次视情况补充追肥，用平衡复合肥补充，每亩10 kg左右，浓度控制在0.5%以下，视叶色深度和长势增减用量。

（二）育苗移栽水肥管理

育苗移栽主要把握好三次追肥，一是定植成活后用速效氮肥进行提苗，每亩用5 kg，浓度控制在0.3%以下。二是定植10 d左右用高氮复合肥进行喷施促苗，每亩用10～15 kg，浓度控制在0.4%以下。三是采收主薹后，每亩用高氮复合肥10 kg左右，浓度控制在0.5%以下，视叶色深度和长势增减用量。

五、病虫害防治

病虫害防治要坚持"预防为主，综合防治"的原则，综合利用绿色防控、生物防治，尽量使用生物、物理方法防治病虫害，综合应用捕虫板捕杀、诱虫灯诱杀等绿色防控、生物防治措施，把病虫害消灭在病虫害发生的初级阶段，有效促进植株健康成长，保障菜薹生产安全高效和环境生态友好。种植管理人员应每日至少巡园1次，及时掌握菜薹的生长情况和病虫害防治情况。

（一）主要病害

一是霜霉病，病斑初期有水浸状褪绿或淡黄色，周缘不明显，以后有黄褐色病斑，可用嘧菌酯、吡唑醚菌酯、霜霉威盐酸盐、丙森锌等进行防治；二是软腐病，主要危害柔嫩多汁的组织，常在茎基部或叶柄处发病，致使整株萎蔫，甚至整株腐烂，病部会渗出黏液，发出恶臭，主要以预防为主，可用噻唑锌、农用链霉素、氯溴异氰尿酸、噻菌铜、中生菌素等进行喷雾防治。

（二）主要虫害

一是蚜虫，诱虫板诱杀，可用啶虫脒、吡虫啉、抗蚜威等进行喷雾防治；二是小菜蛾，温度20～25℃、湿度72%～80%时易发生。在幼虫低龄期及时防治，药剂要轮换使用，喷药时间最好选在傍晚。可用苏云金杆菌、甲氨基阿维菌素苯甲酸盐、茚虫威等进行喷雾防治，重点喷施心叶和叶背，小菜蛾的抗药性较强，要注意药剂轮换使用，在幼虫低龄期防治。三是斜纹夜蛾和甜菜夜蛾，它们的抗药性也较强，注意药剂轮换使用，在幼虫低龄时期防治，可用苏云金杆菌、阿维菌素、高效氯氟菊酯等进行防治，喷雾防治宜在傍晚。

六、适时采收

主薹齐口时及时采收，即顶叶与花蕾齐高，侧薹及孙薹均在第一朵花将开未开时采收，切口要平整，菜体保持完整，大小长短均匀，花薹留25～30 cm进行出售。主薹采收时，要小心保护基叶，基叶是主要营养器官，保障整株的营养供给，尽量保全和避免损伤，基叶腋部会同时产生3～4根侧薹。侧薹采收时，基部留一片薹叶，用于发孙薹以及保障孙薹的营养供给，孙薹粗度主要由腋芽处的薹粗决定，因此采收时要保护好薹基部位。

第五章 雄心一号（秋香828）的推广应用

　　雄心一号（秋香828）于2018年1月获得科技成果登记证书，制种和栽培技术成熟，成果鉴定委员会一致认为雄心一号（秋香828）研究成果达到国内、国际领先水平，应大力推广，实现产业化应用。满足市场对不需春化、高产、优质白菜薹的需求。新品种的推广可以极大地丰富市民的餐桌，让市民一年四季都能吃到品质优良的白菜薹，可以有效促进推广新品种的"菜篮子"基地和农业企业更新自己的产品品牌，创造更大的经济效益。新品种的推广应用和技术培训，也有利于不结球白菜的种植结构的调整，推动栽培技术的更新，同时带动更多的种植户增产增收，实现更大的社会效益。种植者可选择的品种增多，抗病性强的品种推广也能降低病害的发生，减少化学农药的应用，实现绿色防控和化肥减量增效的目标，实现更好的生态效益。

　　在广东地区和长江流域地区，市场上的白菜薹品种播种期一般在10月以后。2016年，惠州生达农业科技有限公司从深圳市农业科技促进中心引进雄心一号（秋香828）在惠州的惠州祥利菜场试种，生育期45 d左右，抽薹好，有香味，品质优，初次试种取得了成功，获得了市场的认可。因为是在秋季8月28日播种，该品种的菜品有香味，从而将商品菜定名为"秋香"。同年10月在惠州开始扩种，12月追加种植，均表现优良。由于第一年就在市场上反应强烈，深受种植者和消费者的喜爱，从而将雄心一号推广中定名为"秋香828"，并且在惠州的蔬菜种植中开始争相引种。自此，雄心一号（秋香828）白菜薹品种种植开始在惠州扩散，种植面积逐渐扩大。

　　同时，祥利宁夏菜场也开始种植，雄心一号（秋香828）开始了在广东省外种植基地的种植应用。各深圳农业企业也将该品种带到云南、河南、宁夏等基地，至此，该品种逐渐被业内人所熟知，迅速蹿红，成为单品爆款。各地根据不同地域特点，总结出不同地点、不同季节的栽培技术，随着技术的配套、种植水平的提高，该品种种植的面积进一步扩大，已实现了周年供应。

因此，深圳市农业科技促进中心2018年通过项目立项，开展雄心一号（秋香828）白菜薹新品种的推广应用。

一、具备成熟的立项条件

经过前期新品种选育、试验、示范和推广应用，品种及技术体系逐渐成熟，大面积推广应用的条件也逐渐成熟。

（一）制种技术体系成熟

新品种利用菜心细胞质不育系克服了自交不亲和系难以扩繁的弱点，利用优质不结球白菜大白菜作父本改良菜薹的品质，经过多年的制种技术研究，形成了成熟的制种技术体系，能满足新品种大力推广应用对用种量的需求。一是父母本的提纯复壮技术成熟；二是包括时间地点、土地准备、播种育苗、栽培管理、纯度控制、花期调控和种子采收的种子生产技术成熟；三是种子质量控制技术成熟。

（二）商品菜薹的栽培技术体系成熟

经过多年多点的试验示范，形成了包括生产季节、土地准备、育苗移栽、直播栽培、育苗和直播的水肥管理、病虫害防治等的栽培技术体系，能满足生产者的规模化种植。

（三）白菜薹的周年供应成熟

雄心一号（秋香828）新品种不需要春化，是一个高产、优质的新类型品种，最适合生长温度为15～25℃，在全国每个季节均有适合推广种植的区域，实现了白菜薹的周年供应，满足了消费者全年可吃到白菜薹品种的愿望。

（四）产业化发展成熟

深圳的"菜篮子"基地和农业龙头企业等蔬菜种植生产企业，在深圳具有生产基地，而且在广东省及全国其他省份建立了几十万亩生产基地。专业化的企业，容易接受和推广新的专业化品种和生产技术，并且具备专业化的长途运输保鲜实践经验，能很快实现产供销一条龙、菜薹周年供应和大面积推广应用。

（五）具备完善的推广体系

一是深圳市的科技下乡活动和技术培训，覆盖深圳全市蔬菜种植基地。二是通过种子生产和销售企业的销售网络，在广东省各市（县）主要蔬菜种植区域推广应用。三是深圳"菜篮子"基地和农业龙头企业等蔬菜种植企业的示范推广应用，辐射全国各省（自治区、直辖市）蔬菜生产者应用。

二、成立项目推广组织

深圳市农业科技促进中心成立项目推广组，设立责任人和技术总负责人。建立推广组织架构：一是种子组，负责种子生产监督及种子质量保障；二是技术组，负责技术培训及推广点的选择、布置及跟踪；三是推广组，负责示范展示及推广应用；四是实验组，负责栽培技术的完善；五是监督组，负责项目监督及任务完成情况督导检查；六是后勤组，负责栽培技术的完善和后勤保障；七是救援组，负责技术救援。

三、制订项目推广计划

（一）确立推广周期

2018年1月至2020年12月。

（二）推广技术手段与推广范围

一是通过科技下乡活动、绿色证书工程培训、技术培训班等方式无偿分发雄心一号（秋香828）新品种种子，可覆盖深圳市宝安区、龙岗区、龙华区、坪山区、光明区、大鹏新区、深汕特别合作区等具有较多蔬菜种植基地的区。二是通过种子企业的销售网络覆盖广东省的主要叶菜种植基地。三是通过深圳"菜薹子"基地、深圳农业龙头企业等农业企业，覆盖他们深圳的蔬菜种植企业，并且通过这些农业企业在全国各地的异地"菜篮子"基地进行生产，示范推广，辐射全国。

（三）推广目标

一是实现周年供应，满足人民群众对美好生活的要求，实现白菜薹在市场上的周年供应。二是推广区域，实现深圳全市各区主要蔬菜生产基地全覆盖，深圳市"菜篮子"基地和农业龙头企业全国生产基地生产应用，基本实现广东省乃至全国主要深圳"菜篮子"基地和主要供深蔬菜生产区生产应用。三是推广规模，三年在全国推广种植面积计划累计达6万亩以上。

（四）推广进度

制订推广进度计划（表5-1），分工合作，协力推进雄心一号（秋香828）的应用推广。

表5-1 推广进度计划

任务	2018年	2019年	2020年
种子生产与质量控制	亲本的提纯复壮、杂交种子质量提升，亲本扩繁能满足年生产种子2 000 kg以上	两年累计生产种子4 000 kg以上	三年累计生产种子6 000 kg以上
栽培技术完善	根据种植，优化播种期、种植密度、采收方式、植株调整等配套栽培技术	改良不同地区不同气候的栽培技术	继续改良不同地区不同气候的栽培技术
推广点布局及技术培训	基地培训6场以上，培训人数600人次以上，确立深圳农业企业生产市内及其异地基地、广东省各主要叶菜种植基地推广点，并进行推广应用	两年基地培训累计21场以上，培训人数累计达2 100人次以上；对推广应用好的农业企业和广东省各主要叶菜种植基地进行应用效果回访交流	三年培训累计36场以上，培训人数累计3 600人次以上
示范展示与推广应用面积	推广规模1万亩以上	两年累计推广规模3万亩以上	三年累计推广规模6万亩以上
项目监督	定期开展项目总结会，对推广应用效果进行评价、总结和监督，总结栽培技术、推广布局、推广问题，对人员、资金、物质进行优化调配，对项目实施过程进行监督	定期开展项目总结会，对推广应用效果进行评价、总结和监督，总结栽培技术、推广布局、推广问题，对人员、资金、物质进行优化调配，对项目实施过程进行监督	定期开展项目总结会，对推广应用效果进行评价、总结和监督，总结栽培技术、推广布局、推广问题，对人员、资金、物质进行优化调配，对项目实施过程进行监督

（续表）

任务	2018年	2019年	2020年
后勤保障	保障栽培配套技术和新品种示范推广的物资	保障栽培配套技术和新品种示范推广的物资	保障栽培配套技术和新品种示范推广的物资
技术救援	出现技术问题及时救援	出现技术问题及时救援	出现技术问题及时救援

四、制订详细项目技术方案

制订详细的项目技术方案。一是通过与种子企业合作进行种子生产，保障生产用种。二是通过科技下乡活动及培训、示范展示与企业服务方式进行推广应用。三是通过种子企业的销售网络、深圳"菜篮子"基地、农业龙头企业进行覆盖推广。四是对生产基地进行技术服务和技术救援。制订一整套的从种子生产到市民餐桌的技术方案体系。

项目采取"技术集成-生产示范-推广应用-技术服务"的技术路线，采用"种企合作+种子生产""基地示范+辐射带动""示范展示+推广应用"3种推广模式。

（一）品种与种子质量控制

给深圳市范记种子有限公司和惠州生达农业科技有限公司提供亲本，进行商品种子生产，提高种子生产能力，满足基地生产需求。对亲本的提纯复壮、种子质量控制和杂交种子生产进行监督检查。对品种纯度，种子生产过程，种子净度、含水量等种子质量指标进行监督检查，确保种子生产质量。

（二）通过种子企业的销售网络覆盖推广

深圳市农业科技促进中心提供亲本，并对亲本进行提纯复壮。种子企业生产并销售种子。深圳市范记种子有限公司和惠州生达农业科技有限公司进行新品种商品种子生产和销售，提高种子生产能力，满足品种生产的需求，使项目推广更具持续性，利用销售网络进行布局推广。

（三）通过技术培训服务深圳市蔬菜种植基地

积极深入种植企业、种植基地、农户田间地头，进行品种与栽培技术的交流及培训。每年通过举办深圳市蔬菜清洁生产技术培训班、深圳市蔬菜栽培技术培训班、"深圳市农业科技暨放心农资进基地宣传周"活动、深圳市新型农民科技培训班、菜场农业实用技术培训班、深圳市农业实用技术培训班和绿色证书工程培训班等进行该品种的推广展示、经验交流及技术培训，覆盖深圳市各区主要蔬菜生产基地。

（四）通过深圳基地和企业加速辐射带动

深圳的"菜篮子"基地、农业龙头企业及流通企业遍布全国，他们既是该品种与技术推广的应用者也是传播者，深圳企业在广东省内生产应用的同时，既帮助了当地种植户稳定了生产，又能使更多的种植户使用该品种与技术，使该品种与栽培技术得以快速地推广，很好地达到生产、示范和推广的作用。这些企业有深圳市双晖农业科技有限公司、深圳市田地蔬菜基地发展有限公司、深圳市福之口供应链管理有限公司、深圳市旺泰佳农业开发有限公司等。

（五）示范展示

一是通过示范展示进行推广应用，深圳市农业科技促进中心试验示范场每年举办一次"龙田玉米节"，每年"龙田玉米节"期间安排种植雄心一号（秋香828）白菜薹不少于5亩供市民采摘，吸引市属企业、省内技术推广应用单位及种植企业参观。二是结合市内外"深圳特色的无公害基地蔬菜新品种展示"进行展示。三是通过广东省内其他市推广机构进行展示应用。

（六）推广应用中技术救援

设立技术救援小组，全程跟进生产应用的各个环节，及时解决出现的各种问题，同时不断完善高质高效生产技术。

（七）后勤保障

成立后勤及财务保障组，技术推广中所需的资金由深圳市农业科技促进中心职能业务经费保障，在交通工具使用上进行调配，物资供应上充分保障。

五、推广效果分析

（一）种子企业的销售网络覆盖推广

深圳市范记种子有限公司和惠州生达农业科技有限公司进行新品种高端种

子生产，利用细胞质雄性不育系配制的品种，克服了自交不亲和系配制品种存在亲本退化、蕾期授粉用工量大、种子产量低，繁育成本高、杂交一代纯度无保障等问题，提高了种子生产能力，满足了基地生产需求，生产的种子随着亲本的数量增多，不断增大，三年间共推广该品种种子超过6 000 kg，可种植6万多亩的面积，为实现推广目标面积提供了坚实的基础保障。

（二）培训与技术交流

积极深入种植企业，种植基地，农户田间地头，进行品种与栽培技术的交流及培训。结合农业技术推广部深圳市蔬菜清洁生产技术培训班、深圳市蔬菜栽培技术培训班、"深圳市农业科技暨放心农资进基地宣传周"活动、深圳市新型农民科技培训班、菜场农业实用技术培训班、深圳市农业实用技术培训班和绿色证书工程培训班等。3年间举办各类培训达44场以上，超过4 800人次通过科技下乡活动和培训班得到该品种和技术培训，这些新农民的流动也带动了新品种新技术的传播。

（三）与企业合作，基地生产与示范

与深圳市双晖农业科技有限公司、深圳市田地蔬菜基地发展有限公司、深圳市旺泰佳农业开发有限公司、深圳市福之口供应链管理有限公司等深圳市农业企业合作进行基地生产与示范。深圳市双晖农业科技有限公司在深圳光明，广东惠州、河源，以及宁夏吴忠、银川等地均建有生产基地。深圳市田地蔬菜基地发展有限公司在深圳坪山、龙岗、光明、龙华，广东惠州、河源，以及云南泸西、曲靖，河南南阳等地均建有生产基地。深圳市旺泰佳农业开发有限公司在深圳大鹏，广东惠州、河源，以及云南曲靖，宁夏等地均建有生产基地。深圳市福之口供应链管理有限公司在深圳光明，广东惠州、河源，以及宁夏吴忠、银川等地均建有生产基地。这些基地三年间共种植达2万亩以上。

（四）示范展示

深圳市农业科技促进中心试验示范场每年举办一次"龙田玉米节"，结合"龙田玉米节"进行蔬菜展示。深圳特色的无公害基地蔬菜新品种展示从2009年开始，每年在深圳市属的无公害蔬菜基地开展示范展示观摩活动1~2次，自2018年开始就白菜薹新品种与新技术进行展示。

同时在惠州市［惠阳区、惠城区、惠东县、博罗县、龙门县等区（县）的主要叶菜生产基地］、东莞市（常平镇、清溪镇、谢岗镇、虎门镇等镇的主要叶菜生产基地）、江门市［新会区、台山市、开平市、恩平市等区（市）的主要叶菜生产基地］、佛山市（南海区、顺德区、高明区、三水区等区的主要叶菜生产基地）、河源市［东源区、源城区、龙川县、和平县等区（县）的主要叶菜生产基地］、肇庆市［端州区、高要区、四会市、怀集县、封开县等区（市、县）的主要叶菜生产基地］、梅州市梅县区、揭阳市揭东区、广州乾农农业科技发展有限公司、连州市嘉农现代农业发展有限公司进行示范展示推广应用。三年间应用面积达到5万亩以上，带动了当地增产增收。

（五）周年供应

秋冬季8月底至翌年1月初深圳及周边惠州市、河源市、广州市、东莞市、佛山市、江门市可播种，10月下旬开始有菜薹上市，至翌年3月均有菜薹供应市场，3—4月主要是深圳市在云南省和河南省的异地基地生产的商品菜薹回流供应深圳市场，5—10月主要是深圳在宁夏、甘肃、云南的异地生产基地回流供应深圳市场，这些地域光照充足，空气湿度小，昼夜温差大，菜薹品质非常好，雄心一号（秋香828）的商品菜薹已经逐渐形成周年供应，价格虽受整体菜价影响有波动，但平均价格在100元/件左右（每件15 kg的批发价格）。

（六）主要栽培方式

深圳及周边地区秋冬季节，可直播也可育苗移栽，穴盘育苗，四叶一心，20～22 d苗龄定植，亩植6 000～7 000株，采收主侧薹，可连续采收30 d以上，深圳及周边地区冬至后12月至翌年2月栽培，宜直播，亩用种量为100～150 g左右采收，采收主薹为主，侧薹兼收。河南南阳地区早春栽培（1—2月）宜直播亩用种量约100 g，45 d左右采收，可采收主薹侧薹。

（七）推广规模

推广期间在惠州市、深圳市、江门市、广州市、东莞市、河源市、佛山市、梅州市、揭阳市、肇庆市和深圳企业推广超6万亩，圆满达成了预定目标。

截至2022年，种植面积超过了10万亩。

六、推广后的效益

（一）经济效益

新增销售额=推广种植面积×亩增收益，新增利润=当年种植雄心一号（秋香828）利润-上一年种植同类型叶菜利润。该品种从播种至采收为45~50 d，可延续采收侧薹、孙薹，亩产1 500 kg，较普通菜心品种增产500 kg，单价4~6元/kg，亩产值6 000~9 000元。在无霜期180 d左右地区可种2茬，亩产值12 000~18 000元，每亩增收3 000元。

推广期间在惠州市（惠阳区、惠城区、惠东县、博罗县、龙门县）、东莞（常平镇、清溪镇、谢岗镇、虎门镇）、江门市（新会区、台山市、开平市、恩平市等区市）、佛山（南海区、顺德区、高明区、三水区）、河源市（东源区、源城区、龙川县、和平县）、肇庆（端州区、高要区、四会市、怀集县、封开县）、梅州市梅县区、揭阳市揭东区等地区共推广种植面积达到5万亩以上。

推广期间在与深圳市旺泰佳农业开发有限公司、深圳市田地蔬菜基地发展有限公司、深圳市双晖农业科技有限公司、深圳市福之口供应链管理有限公司等深圳市农业龙头企业以及深圳绿基有限公司共种植达2万亩以上。

深圳市范记种子有限公司和惠州生达农业科技有限公司进行新品种种子生产与销售网络推广，三年间共推广该品种种子达到6 000 kg以上，可种植超过6万亩的面积。根据市场的需要，每年种子生产规模也在不断地扩大。

截至2022年，种植推广面积超过10万亩，带来了很好的经济效益。

（二）社会效益

结合深圳市蔬菜清洁生产技术培训班、深圳市蔬菜栽培技术培训班、"深圳市农业科技暨放心农资进基地宣传周"活动、深圳市新型农民科技培训班、菜场农业实用技术培训班、深圳市农业实用技术培训班、绿色证书工程培训班。2018—2022年，累计进行培训达80场，培训人数达到8 000人次。宣传资料发放数量达20 000册。对蔬菜产业发展和技术革新具有重要的推动作用。为广东的蔬菜生产企业搭建了一个技术培训与交流的便捷平台。对丰富市民菜篮子及稳定物价，提高生活水平都有重要意义。

（三）生态效益

新品种新技术培训和推广后对蔬菜种植生产安全、化肥农药减量增效的效果明显，减少了对环境的破坏，具有较大的生态效益。一是该品种推广后使老菜区多了一个轮换品种，新菜区多了一个特色产品，特色基地建设多了一个选择，产生一个良好的种植生态。二是该品种抗病性强，使生产更安全、农药使用减少、环境破坏降低。三是该品种生长势强，生长健壮，利于实现化肥的减量增效。

（四）开创了一个白菜薹新类型

经过2～3年的推广，雄心一号（秋香828）逐渐成为一个明星菜品，在广东、宁夏、云南、河南等地区纷纷引进推广应用，种植面积逐年扩大，并且得到了市场的广泛认可。因为明星菜品的效益显著，市场出现的模仿品种也开始增多，如夏香、冬香、秋香750、秋香850、秋香818等品种的推出，逐渐形成了"秋香薹"这一白菜薹新类型，新类型受到市场广泛追捧。

第六章　成果鉴定和奖项申报

一、科技成果鉴定

利用引进的玻里玛细胞质雄性不育材料9904作不育源，用31号甜菜心作为回交亲本转育成新的菜心不育系BC-31-10-5-2-1-1，具有不育、性状稳定、品质优良、配合力强等优点。利用BC-31-10-5-2-1-1作母本，早熟白菜5-4-3-1-4作父本，配制出杂交一代品种"雄心一号"。经品种比较试验、多年多点试验表明雄心一号具有性状独特、早熟（新品种生育期为60 d左右）、高产、优质等特点，并进行了推广应用，逐渐取得市场的好评。

2017年12月，深圳市农业科技促进中心以"雄心一号、芈心一号系列优质白菜薹新品种的选育"的成果名称，申请科技成果鉴定。

2018年1月11日，深圳市中衡信资产评估有限公司经深圳市科技创新委员会授权，主持了"雄心一号、芈心一号优质白菜薹新品种的选育"项目科技成果鉴定会，鉴定委员会听取了该项目的技术总结报告，审查了查新报告、发表论文等资料，并进行了现场考察，经认真讨论和质询，形成了鉴定意见。鉴定委员会一致认为，本项目选育出的新的菜心不育系及两个新的大白菜自交系，利用菜心不育系和大白菜自交系育出杂交组合雄心一号、芈心一号，实现了产业化。研究成果达到国内领先水平，同意通过科技成果鉴定。

2018年1月15日，深圳市中衡信资产评估有限公司经过对项目进行审查、按程序聘请专家组对项目进行现场鉴定等规定工作后，向深圳市科技中介同业公会正式出具主持鉴定单位意见，同意鉴定专家鉴定意见。

2018年1月18日，深圳市科技中介同业公会同意鉴定意见。

2018年1月19日，在经过评价审查合格，在"深圳市科技创新委员会"网上公告未见提出异议等程序后，获得登记，取得科技成果登记证书（登记号：2018Y0004）。

二、广东省农业技术推广奖申报

广东省农业技术推广奖是为鼓励农业科技人员把论文写在祖国大地上，切实促进农业科技成果转化应用，助推农业农村现代化和乡村振兴战略实施，根据《中华人民共和国农业技术推广法》和《广东省农业技术推广奖励试行办法》，开展广东省农业技术推广奖工作。

该推广奖的奖励对象是广东省在农业技术推广一线做出重要贡献的农业科技人员和单位，鼓励涉农高校、科研院所联合基层单位和人员（非中央、省财政供给单位和人员，国有农林场、国家级自然保护区管理局、省级自然保护区管理处及其工作人员等视为基层单位和人员）共同开展科技创新及成果应用推广。

该推广奖的奖励范围包括种植业、畜牧业、渔业、农机、林业、水利、气象等行业科研成果和实用技术在农业领域的推广应用。奖项设一、二、三等奖3个奖励等级，每年授奖总数不超过150项，其中一等奖授奖总数约占15%，原则上不超过20项；二等奖授奖总数约占35%，原则上不超过50项；三等奖授奖总数约占50%。广东省推广奖向基层倾斜，基层单位一、二等奖获奖数量必须在授奖总数中占有一定比例。

雄心一号（秋香828）在深圳、广州、惠州、河源、佛山、中山、清远等市的各大蔬菜基地，以及甘肃、宁夏、云南等地区主要蔬菜生产地区广泛示范展示和推广应用，推广应用面积就已达到一定的规模。

2020年，"雄心一号（秋香828）白菜薹新品种应用推广"项目申报了2020年度广东省农业技术推广奖，广东省农业农村厅根据《广东省农业技术推广奖励试行办法》《广东省农业技术推广奖励试行办法实施细则》等有关规定，经广东省农业技术推广奖评审委员会审定，结合2020年度广东省农业技术推广奖拟奖项目公示及异议处理情况，"雄心一号（秋香828）白菜薹新品种应用推广"项目被评为2020年度广东省农业技术推广奖二等奖。

第七章　　　　品种保护

　　本书所讲的品种保护主要指保持该品种的稳定供应，包括亲本的提纯复壮、种子生产、种子质量等方面。细节决定成败，质量就是生命，需要保障品种的持续纯正。一个新品种想要在市场广泛应用，得到可持续发展，首要条件就是品种稳定，需要持续满足大田生产用优良种子。严谨成熟和可持续的种子生产技术，是保障大田用种的基础，是一个品种长期稳定推广的必要条件，要真正做到商品种子的稳产保供。

　　品种的选育成功是明星菜品万里长征走出的第一步，如何建立亲本筛选圃、决选圃、扩繁圃等三级种质圃，保障品种不退化，尽可能降低商品种子的生产成本，能扩繁出大量的亲本供应生产所需，种子公司参与种子生产的能力和担当作为起到了很大的作用。

　　种子的分类又分为育种家种子、原种和良种，育种家种子是指育种家育成的遗传性状稳定的品种或亲本的最初一批种子，用于进一步繁殖原种，原种是指用育种家种子繁殖的第一至第三代，或按原种生产技术规程生产的达到原种质量标准的种子，用于进一步繁殖良种。良种是指用常规种原种繁殖的第一至第三代种子，以及达到良种质量标准的一代杂种种子。良种是供大面积生产使用的种子，即生产用种。

　　选择合适的繁种地点和季节，父本需要春化，前期必须要有低温条件，种子产量高，需要花期干燥、光照充足、灌溉条件好和配套完善的制种技术。

一、性状稳定的优良亲本保护

　　雄心一号（秋香828）白菜薹是利用玻里玛细胞质雄性不育系BC-31-10-5-2-1-1作母本，早熟白菜5-4-3-1-4作父本的杂交一代品种，容易被外源污染、混杂。要经常对亲本进行提纯复壮，保持品种的优良特性。

（一）父本的提纯复壮

父本是自交系，为保持亲本的特征不变，必须每2~3年提纯复壮一次，扩繁次数越少，越能保持不受污染。

原原种的繁殖由原原种单株自交提纯而来，原原种选择30~50个单株自交，收种后逐一种植鉴定，淘汰一半的株系，剩下鉴定合格的单株种植在一个隔离区域内繁殖，收获的种子为原原种。

原种由原原种种植在一个隔离区域内小群体自由授粉繁殖收获的种子。用于繁殖用的种子叫亲本，亲本由原种种植在一个隔离区域内小群体混交繁殖收获的种子，自由授粉时放入熊蜂辅助授粉，可以有效提高结实率。

（二）母本的提纯复壮

母本是玻里玛细胞质不育系，其繁殖必须使用配套保持系一起种植在同一个隔离区内进行授粉，收获不育系上的种子作母本，扩繁过程中容易混入外来花粉，为确保母本的特征特性不变，必须定期提纯复壮。

首先，不育系和保持系同期播种定植，人工辅助一一对应地用保持系的花粉授到不育系的单株上，分别单株采收种子。选择100对左右，保持系选单株的特征特性和上一代相同，不育株除特征特性要和保持系单株一致外，要选择花药完全退化的单株。人工辅助授粉时应避免生物学混杂，单株套袋，授粉工具要用医用酒精擦洗消毒，尽量多结种子，每对应做2~3次，收获到的一一对应单株种子为原原种。

其次，每个株系选30粒种子播种鉴定，选择不育系花药完全退化，性状一致的株系，淘汰一半。然后将50个左右的单株，父母本1：1种植在网室内小群体混合授粉。保持系和不育系分开采收，采收的种子为原种。

最后，在安全的隔离区内保持系和不育系株数比1：2，花期自由授粉，仅采收不育系植株上的种子，作为杂交一代生产的母本。

二、稳定的种子生产技术保护

（一）时间地点

由于雄心一号（秋香828）的父本抽薹开花需要低温春化，花期空气湿度小有利于散粉，光照强烈有利于提高种子产量，甘肃河西走廊是理想地域，父本3月15日左右播种可春化，约5月25日左右开花，母本4月15日左右播种，不育系从播种至开花为40 d左右，花期可相遇。

（二）制种基地

避免污染和混杂，保证制种质量，应严格隔离。充分利用山体山脉、树林、村庄等作为自然屏障。空间隔离距离应为2 km以上，隔离区内严禁种有同期开花的十字花科作物。同时，地块应选择地势平坦，集中连片，排灌方便，土壤肥力中上，且上一年未种过十字花科作物的地块。

（三）土地准备

土地在前一年的秋天施有机肥，深耕起好垄，盖好膜。

（四）播种及育苗

由于父母本差期播种30 d，早春天气不稳定，父本可以直播也可育苗播栽，母本用种量大生育期短宜直播。父本的株行距为30 cm×30 cm，亩植约7 500穴，每穴2～3粒，需要种子约20 g。母本的株行距为20 cm×30 cm，亩播约11 100穴，每穴3～4粒种子，需要种子约100 g。父母本的种植面积比为1：3。播好种后浇透水。

（五）栽培管理

播种后7～10 d检查出苗情况，如遇出苗不理想的情况及时补播，四叶一心时定苗，拔掉多余的苗子，父本每穴1～2株，母本每穴2～3株，注意追肥和浇水，每亩施复合肥20～30 kg；初花期视生长情况和墒情进行水肥管理，可结合浇水每亩施20～15 kg平衡复合肥，花期尽量不浇水，花期结束时，每亩施磷酸二氢钾15～10 kg，浇透水，利于种子饱满，及时防治蚜虫（可用噻虫嗪、吡虫啉、呋虫胺等）、菜青虫（可用苏云金杆菌、阿维菌素、高效氯氟菊酯等）、菜蛾（可用阿维菌素、苏云金杆菌、甲氨基阿维菌素苯甲酸盐、茚虫威等）等害虫，防治霜霉病（可用嘧菌酯、吡唑醚菌酯、霜霉威盐酸盐、丙森锌等）和软腐病（可用噻唑锌、氯溴异氰尿酸、噻菌铜等）。开花前要彻底根除蚜虫等害虫，花期为保证昆虫传粉，应避免喷杀虫剂。

（六）纯度控制

父母本去杂是制种保纯的重要举措，根据父母本特征特性详细辨认，去杂要干净彻底。开花前，调查制种田2 km范围内十字花科作物种植情况，如有种植要及时清理；彻底清除父母本中的变异株、混杂株、病劣株；始花至齐花期，要逐行去杂，母本行内清除掉可育株、早花株、晚花株和异型杂株，特别注意微粉株，玻里玛细胞质不育系容易由于气温骤降诱发微粉现象，花期内特别留意气温变化，父本行内清除掉优势株、异型杂株；齐花期，要逐株检查、去杂。

（七）花期调控

母本是菜心不育系，花期短，尽量安排父母本同期开花确保种子产量，父本宜安排早播，也可父本开花等母本，父本花期早时，可用打薹调节法，即父本采取隔株打薹，打掉主花序，促进下部多分枝，延长父本花期，父本打薹后要及时补充肥水，保障苗壮，提供充足花粉。为使授粉充分，提高产量，每亩制种田可放1～2箱蜜蜂协助授粉。母本终花后，及时割除父本，平放父本行上，母本种子黄熟前不拉出地块，以免损伤母本，影响产量。同时，防止机械混杂。

（八）种子采收

在全田70%～80%的角果黄熟、种荚变黄2/3时，内部种子呈棕色时，开始收获。收获太早，种子不够成熟，且不易脱落和干燥。收获太迟，角果易干燥爆裂，种子散落，造成损失。收获时，整株收获，早晨晨露未干时收获更好，角果水分足不易爆裂。收割后先在篷布上堆放2～3 d，保持较好通风环境，种荚脱水自然风干。晾晒必须连带植株，种荚脱水后再脱粒。如遇雨天，及时盖油布。晒种应在晒垫上，温度最好不要超过45℃，要注意避免烧伤种胚，导致发芽率降低。没有晒干的种子夜间不能装袋或堆放。种子干燥后，可采用分选机去除杂质和植株碎片，晒干的种子及时检测含水量，合格后密封保存。

三、种子质量保障

水分：充分晾晒至水分不超过7.0%。

净度：至少进行两次风筛和两次重量选择，净度98%以上。

芽率：新种子一般有约20 d的休眠期；休眠期过后，发芽率85%以上。

纯度：杂交种子纯度96.0%以上。

附录

附录1　菜心细胞质雄性不育系选育报告

菜心细胞质雄性不育系选育报告

晏儒来　王先琳　李健夫

于1998年底开始选育菜心杂种一代,育种途径是先选育雄性不育系,再用不育系作母本,用优良自交系作父本配制一代杂种。现已育成形态、熟性、色泽不同的不育系18个和自交系一批,用其中几个试配了一批杂种一代,经品比,这些杂种产量大多优于四九菜心和东莞45天。现将不育系的选育经过报告如下。

1　细胞质雄性不育系选育方法

1.1　雄性不育原始材料的获得

细胞质雄性不育株选育的实践证明,转育是最为简捷的途径。本试验就以40天的红菜薹不育系作为不育性输出亲本。

1.2　雄性不育被转育亲本的选择

由于期望通过转育能够得到较多样化的不育系,所以选择菜心的品种较多,其中有不同熟性,不同叶色薹色,不同季节栽培的华南地区主栽品种:45天油青菜心(331)(9901);特纯油青四九菜心(9902);香港特选四九菜心(9903);香港50天特青菜心(9904);中花黄60天菜心(9905);70天特青菜心(9906);油青菜心80天(9907);四九菜心(9908);70天特青菜心(9909);80天特青菜心(9910)。

1.3　细胞质雄性不育型(核质互作型)的遗传方式

细胞质雄性不育性是由核质交互作用产生的。在这种类型的细胞质中,有一种主宰不能形成正常雄配子的胞质因子(S),而核内具有一对或几对影响细胞质不育性的基因。核内的性基因MSMS能使细胞质不育类型的基因型恢复为可育,称为恢复基因,其等位隐性基因是msms,即不育基因。所以不育类型的基因型为Smsms,只能产生正常的雌配子。而可育类型的细胞质中具有正常的遗传物质(N),核内具有同质结合的恢复基因(MSMS),有的是异质结合的恢复基因(Msms),有

晏儒来,华中农业大学,430070

王先琳,李健夫,深圳市农作物良种引进中心

收稿日期:2002-05-10

的为不育基因(msms),若将细胞核和细胞质内遗传物质相结合,则有六种基因型。

1.4　雄性不育系的转育方法

①原始雄性不育红菜薹和菜心的栽培与杂交　1998年11月-1999年3月将红菜薹不育材料和被转育的菜心品种同时播种于杂交圃。开花时,选优良的雄性不育株与菜心杂交,每个不育株用3个菜心植株的花粉授于不同枝条上,授粉后,将枝条套上硫酸纸袋,用大头针扎紧,编号挂牌,一般授粉1~2次,取花粉的菜心植株均进行套袋自交,种子成熟后分别编号脱粒采种。测交种共得144个,编号为9901-1~14,9902-1~16,9903-1~15,9904-1~15,9905-1~14,9906-1~15,9907-1~17,9908-1~14,9909-1~12,9910-1~12。菜心自交系也是144份,编号为801-1~14,…,810-1~12。

②测交种育性表现及选育　测交种144个在内蒙古包头市加代选育。于1999年4月2-13日在大棚中播种,菜心自交系晚播10天,4月24日定植至大田,于5月中下旬先后开花,6月下旬采种。

测交种生长势都很强,植株形态介于红菜薹和菜心之间,叶绿、菜薹和叶柄基部红,植株具红菜薹的多薹性,侧薹较多。在育性方面的表现,见表1的统计。

③回交一代(BC₁)的选择　BC₁的选择仍在内蒙古进行,回交一代共种植49个株系,计780株,其中不育株580株,总不育率为74.3%,从新筛选到全不育株系12个。BC₁的形态逐步接近菜心。菜心自交系明显退化。因此采用同型2~3株花粉混合授粉。

④BC₂的选择　BC₁共种植41个不育株系和对应的41份自交系。不育株系共种植721株,其中不育株608株,总不育率达84.3%。其中获得全不育株系14个。回交株植株形态逐步接近菜心。为了提高菜心自交系的生活力,自交时均采用系内3~5株混合花粉授粉。

⑤BC₃的选择。BC₃不育类株系在深圳试验场

栽培选择,共播不育类株系 32 个,717 株,其中不育株 597 株,总不育率达 83.3%,全不育的株系有 18 个,即 9901-3-6-1、-2;9901-3-9-1、5-1-5、-5-1-8;9902-12-2-5、-7;9903-8-6-4、-14-5-3、14-4-5;9904-4-5-1、-14-8-4;9905-11-5-5、-7、-11-7-1;9905-3-5-2 等,及其相应的保持系,和一批纯度较高的自交系,如 S02-12-2-5、-7,S04-4-5-1,S08-8-3-2,9903-3-5-1,S05-11-5-5,S03-14-5-5 等。至此,不育系、保持系的选育工作已初步完成。

1.5 杂优组合筛选

BC$_3$ 已育成 18 个不育系,这些不育系是否有利用价值视其杂种优势强度而定。因此下一步工作就是杂种优势组合筛选,2000 年春试验选用 4 个不育系分别编号为 101、102、103、104,自交系 4 个分别编号为 301、302、303、304,均播种于纱网棚中,用人工杂交。每一个不育系均与 4 个自交系杂交,得 16 个杂种一代,按顺序编号为 021~036。

杂交种收获后分为两套,一套在深圳作夏季栽培品比,另一套作越冬栽培品比,夏季栽培者在深圳试验场于 4 月 27 日播种,5 月 15 日定植于大棚中,6 月 1 日始收,6 月 19 日最后一次采收。以四九菜心和东莞 45 天菜心为对照。越冬栽培品比,于 10 月 16 日播种,11 月 23 日始收,12 月 11 日收完,历时分别为 54 天和 56 天。

从两次品比试验结果分析,在 16 个 F$_1$ 中,022、027 系适合全年各个季节栽培的杂种,在春夏表现较好的杂种还有 024、025、029,在秋冬季表现较突出的杂种有 036、034、028 等。这些组合可以适当制种推广。

其他不育系随后将再选综合性状较好的,与有代表性的自交系杂交,作杂种一代的第二轮选育。

表 1 红菜薹不育株与各品种杂交后代育性表现

项目	组合数	总株数/株	不育株数/株	不育率/%	其中不育率/%						
					90 以上	80~90	60~80	40~60	20~40	20 以下	0
9901	10	466	192	41.2	1		1	4	2		2
9902	14	616	160	26.0	2			1	3	1	7
9903	11	506	227	44.8		1	3	5	1		1
9904	11	487	164	33.7				6	2		3
9905	9	440	245	55.7	1	2		3	2		1
9906	10	292	99	33.7		2		2			6
9907	14	424	121	28.5		1		4	5	1	3
9908	7	235	87	37.0			1	3	2		1
9909	8	188	82	43.6		1		2	2	2	1
9910	10	294	93	31.6			2	1	2	1	4
合计	104	3 948	1 470	37.2	4	7	7	31	21	5	29

原载于《长江蔬菜》2002年第z1期

附录2　几个白菜薹杂种一代比较试验报告

几个白菜薹杂种一代比较试验报告

周妍萍[1]，王先琳[1]，晏儒来[2]，陈利丹[1]

（1.深圳市农业科技促进中心，广东 深圳 518000；2.华中农业大学园艺林学学院，湖北 武汉 430000）

摘　要： 白菜薹已日益为广大销售者所喜爱，因为种植面积越来越大，种植范围也越来越广。但主栽品种仍为湖南早白菜薹（Ⅲ）。这个品种的优点很突出，就是品质很好、食味柔嫩、口感佳，但其缺点也很突出，就是太晚熟、产量较低、播种后 80～90d 才开始采收、前期产得少、春后后大量上市，这时大白菜薹、小白菜薹、晚红菜薹都大量上市，导致菜薹供应过剩，菜价不高。因此，近几年连续配制杂种一代品种，意图筛选出更理想的品种，以满足生产发展的需要。

关键词： 白菜薹；杂种一代；雄性不育系

中图分类号： S603.8　　　　　　　　　　**文献标识码：** A

前　言

本试验参试杂种一代品种都是用雄性不育系作母本，自交系作父本配制的。试验结果 1304、1305、1308 较好，分别较早白菜薹，分别较对照增产 40.45%、24.18% 和 11.38%，现已批量制种，扩大种植面积，以便进一步鉴定其在大面积生产中的表现，以下将 2013～2014 年在深圳和武汉的试验结果综述于下：

1　参试材料

在"深圳市农业科技促进中心"参试的 F_1 有 1304、1305、1306、1308、特选49、红杂60 和早白菜薹 Ⅲ。在武汉华中农大试验地，除上述杂种外，还有 1002 和 0808，但没设重复，只作了采收产量分布统计。

2　试验结果

两地试验结果基本一致，但也有差异，产量比较结果产量均高于对照，但增产幅度，华中农大试验的幅度更大，如 1308 在华农增幅达 98.27%，而深圳的为 11.3%，这种现象可能与采收时间有关。从播种到开始采收的天数也不太一致，也可能与栽培条件有关。具体结果，见表1、表2。

表1　深圳试验产量统计　　王先琳等 2013年于深圳

组合编号	小区产量/kg				Σ	$\bar{x}$	对照±/%	播种至采收天数/d	注
	Ⅰ	Ⅱ	Ⅲ	Ⅳ					
1304	12.43	12.94	11.65	12.70	49.72	12.43	40.3	43	播种期9月18日
1305	9.86	13.15	10.39	10.55	43.95	10.99	24.0	43	始收期10月31日，各
1306	8.79	8.27	11.42	9.58	38.06	9.52	7.5	43	品种不一致，末收期1
1308	9.86	9.41	10.75	9.40	39.42	9.86	11.3	54	月6日，为对照。
特选49	9.37	13.59	10.13	10.64	43.73	10.93	23.4	43	小区面积10m²，每小区
红杂60	12.35	12.61	13.66	12.87	51.49	12.87	45.3	43	种100株。
早白菜薹Ⅲ	8.06	9.26	9.27	8.85	35.44	8.86	—	63	

表2　白菜薹 F_1 产量的时间分布　　晏儒来 2013年于武汉

组各编号	始采期/(月/日)	播一采收 (无)	按月采收产量/kg					Σ	较对照±/%	注
			11月	12月	1月	2月	3月			
1304	11.24	56	1.11	3.21	12.81	7.57	1.88	26.58	64.58	
1305	11.12	44	6.3	6.61	5.80	1.40	0	20.11	24.52	播种期9月29日，
1306	11.2	34	9.9	3.54	3.16	0	0	16.6	2.78	小区面积50～80株
1308	11.24	45	1.3	4.12	11.90	10.7	3.50	32.02	98.27	不等，依植株大小略
0808	11.24	45	0.97	3.38	7.86	0.56	1.48	14.25	-11.77	有调整。
1002	11.6	40	7.90	4.20	3.30	1.00	0	18.40	13.93	
早白菜薹Ⅲ (CK)	12.5	67	0.0	2.55	8.00	4.9	0.7	16.15	—	

从表中数据可知，产量排前3位的，依次为红杂60、1304、1305。1304 已命名为白菜四号。

由表1、2可知，产量在武汉比在深圳高，原因是季节有差异；土壤肥力有差异；武汉采收的时间长很多，直至菜薹失去商品价值才停止采收。在武汉不封闭大棚中栽培，其盛产期，1304 在次年 1～2 月，1305 在 11 月～次

年1月，1306 在 11 月～次年1月，1308 在次年 1～2 月，0808 在 12 月～次年1月，1002（白杂二号）在 11～12 月，对照品种早白菜薹的高峰在次年 1～2 月。其中 1002、1305 近似，1304、1308、0808 和对照近似，生产中可任选一个晚熟品种和一个早熟品种，配套栽培，就可满足市场连续不断的供应（表3）。

表3　参试白菜薹 F_1 特征特性记载表

组合编号	播种至采收/d	叶色	叶柄色	薹色	薹叶大小	薹长/cm	薹粗/cm	薹重/g	注
1304	56	淡绿	白	红绿	大、圆	30.3	1.83	99.0	播种期：9.29
1305	44	绿	白	亮绿	大、长圆	28.5	2.01	99.0	小区面积：9m²，1305、
1306	34	绿	绿	亮绿	中、长圆	32.0	2.0	107.5	1306、1002 每小区种植
1308	56	淡绿	白、窄	白	大、圆	39.1	2.16	111.5	80株，1304、1308、
0808	56	淡绿	白、窄	白	大、圆	34.7	1.89	77.0	0808、早白菜薹每小区
1002	40	绿	绿	绿白	中、圆	32.4	1.90	125.0	种植52株。
早白菜薹Ⅲ	67	淡绿	白、窄	白	大、长圆	28.5	1.89	77.0	

3 优良杂种一代介绍

3.1 1308（白杂三号）

中熟，从播至采收56d左右，植株生长势特强，主、侧薹粗壮，薹长39.1cm，横径2.16cm，重111.5g，薹色绿带红，色彩亮丽，可采收主、侧、孙薹，食味很好，莲座叶和薹叶有些奇形怪状；适作越冬栽培，也可作棉田、果园间套作栽培，长江流域可于8～9月播种，华南地区宜9～10月播种，肥水充足时可每次采收至3月上旬，可采薹2500kg/667m²以上。

3.2 1304（白杂四号）

中熟，播种后56d开始采收，植株长势强，叶色绿，薹长30cm，横径1.8cm，薹重100g左右，薹色绿带红，亮丽，以采收主、侧薹为主，食味好；适作武汉秋冬栽培和越冬栽培，耐寒性强，华南适作晚秋和越冬栽培，一般于8～10月播种，肥水充足时，可产薹1600kg/667m²以上。

3.3 1305

早中熟，播种后44d开始采收，植株长势较强，叶色绿，薹长28.5cm，横径2.01cm，薹重100g，以采主、侧薹为主。菜薹商品性好，淡绿，食味佳，适作早熟栽培，长江流域宜8月中、下旬播种，华南地区8～9月播种，采收期50～60d，可采薹1500kg/667m²左右。

3.4 1306（菜心型）

早熟，播种后34d开始采收，植株生长势强，叶绿色，薹长32cm，横径2.0cm，薹重107.5g，以采主、侧薹为主，菜薹商品性好，食味佳；适作华南地区越夏或秋冬栽培，长江流域作早熟栽培，延续采收50d，可产薹1600kg/667m²左右。

4 结束语

本次研究结果表明，白菜薹杂种一代在产量和成熟期方面都有很大突破，能够更好地满足生产发展的需要。

原载于《农业与技术》2015年第35卷第4期

附录3 白菜薹新品种品种比较试验

白菜薹新品种品种比较试验

周成良 苏运诗 王先琳

（深圳市农业科技促进中心，广东 深圳 518000）

摘要： 随着人民生活水平的提高，对高品质十字花薹菜需求增大，白菜薹清香嫩脆，美味可口，越来越受到食用者的喜爱。深圳市农业科技促进中心选育出的雄心一号、雄心二号、芈心一号、芈心二号和白杂四号等几个白菜薹新品种，通过与选用近年来生产中表现比较好的白杂三号（1308）白菜薹为对照，进行品种比较试验，结果雄心一号、芈心一号在前期产量和总产量均显著高于对照，比对照优势更明显。

关键词： 白菜薹；新品种；品种比较试验

白菜薹（*Brassica campestris* L.ssp.*chiennesis* var.*utilissen*.et Lee）是十字花科芸薹属种白菜亚种中一类容易抽薹的品种类型（王秋实 等，2013），由于白菜薹清香嫩脆，美味可口，越来越受到食用者的喜爱（晏儒来，2014），近年来种植规模不断扩大，对品质的要求也越来越高，因此新品种的选育迫在眉睫，本试验利用白杂四号、芈心一号、芈心二号、雄心一号和雄心二号白菜薹新品种，与近年来生产中表现较好的白杂三号（1308）（王先琳 等，2015）白菜薹作为比较，旨在筛选出产量高、农艺性状好的新品种，为生产者提供品种信息参考。

1 试验材料与方法

1.1 试验材料

参试材料有6个品种（含1个对照品种），几个白菜薹新品种是由深圳市农业科技促进中心提供，分别是：白杂四号、雄心一号、雄心二号、芈心一号、芈心二号、白杂三号（CK）。

1.2 小区田间设计

采用随机区组排列，共有6个处理，设3次重复，小区面积15 ㎡，株行距是30cm×40cm，育苗移栽，四周设2行保护行，保护行采用同品种延伸。

1.3 试验概况

试验地选择在深圳市农业科技促进中心（坪山新区坑梓试验示范场）。试验地为沙壤土，地势平坦，易板结，肥力中等。前茬作物为茄，土地翻耕前每667平方米施商品有机肥600kg+氮磷钾三元复合肥（16：16：16）50kg作肥基，深沟高畦，畦宽为1.5米，厢面覆盖薄膜配套滴管设施。

试验于2016年9月30日播种，采用72孔育苗穴盘在大棚中育苗，采用椰糠基质。10月24日移植，苗龄3-4片叶，定植后浇足定根水，缓苗期保持土壤湿润。田间栽培按当地白菜薹常规栽培，根据白菜薹生长时期与实时天气变化对水分和养分的需求进行适时滴水及追肥。并及时防治跳甲、蚜虫、斜纹夜蛾、小菜蛾等，可喷施苏云金杆菌750倍+敌敌畏1000倍、吡虫啉1500倍+氯氰菊酯750倍、联苯菊酯750倍+哒螨灵500倍等。

1.4 指标测定

在同等管理水平下，调查统计各处理的主要农艺性状、生育期和产量。于11月24日开始采收，连续采收至11月1日。

2 结果与分析

2.1 农艺性状

由表1可知，芈心一号、芈心二号和雄心一号的薹叶色为绿色，白杂四号、雄心二号和白杂三号的薹叶色为深绿色。芈心一号的株高最高，白杂四号株幅最大，雄心一号主薹叶数和侧薹叶数最多，白杂四号主薹最长，白杂三号的侧薹最长，雄心一号的主薹和侧薹最粗。白杂四号总薹数最多，其次是芈心二号和白杂三号，雄心二号总薹数最少。雄心一号为单薹重最重，白杂四号主单薹最轻。

表1 白菜薹新品种品种比较试验主要农艺性状

品种名称	薹叶色	株高(cm)	株幅(cm)	主薹叶数	侧薹叶数	主薹长(cm)	侧薹长(cm)	主薹粗(cm)	侧薹粗(cm)	总薹数(根)	主单薹重(g)
白杂四号	深绿色	37.80	51.10	7.50	6.50	38.25	33.85	2.05	1.62	12.00	102.70
芈心一号	绿色	40.70	42.20	10.20	9.10	32.50	33.10	2.77	1.69	10.90	208.45
芈心二号	绿色	40.40	43.50	9.40	9.40	31.70	32.45	2.60	1.67	11.50	193.86
雄心一号	绿色	41.00	48.10	10.90	10.10	27.90	27.90	2.82	1.79	10.20	239.83
雄心二号	绿色	37.50	41.00	9.20	7.80	27.80	28.50	2.78	1.64	9.80	233.28
白杂三号(CK)	深绿色	40.50	48.20	6.40	6.50	37.40	34.50	2.33	1.76	11.50	110.79

2.2 生育期

从表2可见6个品种均属于中熟品种，播种55–63天开始采收，全生育期为103天。芈心二号和雄心二号从播种至始收期最长，为63天，其次是芈心一号，为60天。白杂四号、雄心一号和白杂三号延续采收时间最长，达到48天，芈心二号最短，为40天，两者相差8天。

表2 白菜薹新品种品种比较试验生育期

品种名称	播种期(月/日)	移植期(月/日)	播种至始收期(天)	始收至末收期(天)	全生育期(天)
白杂四号	9/30	10/24	55	48	103
芈心一号	9/30	10/24	60	43	103
芈心二号	9/30	10/24	63	40	103
雄心一号	9/30	10/24	55	48	103
雄心二号	9/30	10/24	63	40	103
白杂三号（CK）	9/30	10/24	55	48	103

2.3 总产量

由表3可知，对照品种白杂三号（CK）总产量折667平方米的产量为1390.92kg，排名第三。白杂四号总产量折667平方米的产量为 1335.93kg，排名第五，比对照减产 54.99kg，减幅为 3.95%，减产不显著。半心二号总产量折 667 平方米的产量为 1259.00kg，排名第六，比对照减产 131.92kg，减幅为 9.48%，减产显著；半心一号总产量折 667 平方米的产量为 1648.23kg，排名第二，比对照增产 257.31kg，增幅为 18.50%，增产显著；雄心一号总产量折 667 平方米的产量为 1717.30kg，排名第一，比对照增产 326.38kg，增幅为 23.47%，增产显著；雄心二号总产量折 667 平方米的产量为 1383.80kg，排名第四，比对照减产 7.11kg，减幅为 0.51%，减产不显著。

表 3　白菜薹新品种比较试验总产量统计　　单位：kg

品种名称	小区面积（m²）	小区产量（kg）			小区平均产量（kg）	折667m²产量（kg）	比对照种		差异显著性		位次
		Ⅰ	Ⅱ	Ⅲ			增减产（kg）	增减（%）	0.05	0.01	
雄心二号	15	26.83	25.44	32.67	28.31	1259.00	−131.92	−9.48	a	A	6
白杂四号	15	25.69	28.32	36.12	30.04	1335.93	−54.99	−3.95	ab	A	5
雄心二号	15	29.43	29.61	34.32	31.12	1383.80	−7.11	−0.51	b	A	4
白杂三号（CK）	15	25.04	35.18	33.62	31.28	1390.92	/	/	b	A	3
半心一号	15	33.17	37.98	40.05	37.07	1648.23	+257.31	+18.50	c	B	2
雄心一号	15	39.28	37.24	39.34	38.62	1717.30	+326.38	+23.47	c	B	1

2.4 前期产量

前期产量采收期为 15 天统计，由表 4 可知，对照品种白杂三号（CK）前期产量折 667 平方米的产量为 138.88kg，排名第六；白杂四号前期产量折 667 平方米的产量为 187.95kg，排名第五，比对照增产 49.06kg，增幅为 35.33%，增产不显著；半心二号前期产量折 667 平方米的产量为 447.78kg，排名第三，比对照增产 308.90kg，增幅为 222.41%，增产显著；半心一号前期产量折 667 平方米的产量为 536.71kg，排名第二，比对照增产 397.83kg，增幅为 286.45%，增产显著；雄心一号前期产量折 667 平方米的产量为 546.20kg，排名第一，比对照增产 407.31kg，增幅为 293.28%，增产显著；雄心二号前期产量折 667 平方米的产量为 348.17kg，排名第四，比对照增产 209.29kg，增幅为 150.69%，增产显著。

表 4　白菜薹新品种比较试验前期产量统计　　单位：kg

品种名称	小区面积（m²）	小区产量（kg）			小区平均产量（kg）	折667m²产量（kg）	比对照种		差异显著性		位次
		Ⅰ	Ⅱ	Ⅲ			增减产（kg）	增减（%）	0.05	0.01	
白杂三号（CK）	15	2.59	2.65	4.13	3.12	138.88	/	/	a	A	6
白杂四号	15	3.07	5.75	3.86	4.23	187.95	+49.06	+35.33	a	A	5
雄心二号	15	5.15	6.85	11.49	7.83	348.17	+209.29	+150.69	b	B	4
半心二号	15	7.52	10.11	12.58	10.07	447.78	+308.90	+222.41	c	C	3
半心一号	15	10.43	11.05	14.73	12.07	536.71	+397.83	+286.45	d	CD	2
雄心一号	15	12.32	10.82	13.71	12.28	546.20	+407.31	+293.28	d	D	1

3 品种评述

3.1 白杂四号

中熟，播种至开始采收为 55 天，延续采收 48 天，全生育期为 103 天。薹叶色绿，叶面微皱，叶柄色白绿，株型开展，生长势强，口感好，风味甜。主单薹重 102.70g，侧单薹重 47.17g，平均单株薹数 12.00，总产量折 667 平方米的产量为 1335.93kg，排名第五。

3.2 半心二号

中熟，播种至开始采收为 63 天，延续采收 40 天，全生育期为 103 天。薹叶色绿，叶面平滑，叶柄色白绿，生长势强，口感好，风味甜。主单薹重 193.86g，侧单薹重 53.01g，平均单株薹数 11.50，总产量折合 667 平方米的产量为 1259.00kg，排名第六。

3.3 半心一号

中熟，播种至开始采收为 60 天，延续采收 43 天，全生育期为 103 天。薹叶色绿，叶面平滑，叶柄色白，株型直立，生长势强，口感好，风味甜。主单薹重 208.45g，侧单薹重 55.24g，平均单株薹数 10.90，总产量折 667 平方米的产量为 1648.23kg，排名第二。

3.4 雄心一号

中熟，播种至开始采收为 55 天，延续采收 48 天，全生育期为 103 天。薹叶色深绿，叶面微皱，叶柄色白绿，株型开展，生长势强，口感好，风味甜。主单薹重 239.83g，侧单薹重 64.56g，平均单株薹数 10.20，总产量折 667 平方米的产量为 1717.30kg，排名第一。

3.5 雄心二号

中熟，播种至开始采收为 63 天，延续采收 40 天，全生育期为 103 天。薹叶深绿色，叶面微皱，叶柄色白绿，株型开展，生长势强，口感好，风味甜。主单薹重 233.28g，平均单株薹数 9.80，总产量折 667 平方米的产量为 1383.80kg，排名第四。

3.6 白杂三号（CK）

中熟，播种至开始采收为 55 天，延续采收 48 天，全生育期为 103 天。薹叶色绿，叶面微皱，叶柄色白绿，株型开展，生长势强，口感好，风味甜。主单薹重 110.79g，侧单薹重 46.79g，平均单株薹数 11.50，总产量折 667 平方米的产量为 1390.92kg，排名第三。

4 结束语

本次研究结果表明，白菜薹新品种雄心一号、半心一号与对照白杂三号（CK）进行比较在产量、品质、生长势及成熟期方面优势更为明显。由于白菜薹品质好、食味柔嫩、口感佳已被广大消费者日益接受与喜爱，需求量也不断增大。因此，白菜薹雄心一号、半心一号是近几年连续选育出的新品种，可以作为市场推广该品种更具优势。

【参考文献】

[1] 王秋实，刘志勇，张曦，等．利用分子标记辅助选育白菜薹复等位基因型雄性不育系 [J]．分子植物育种，2013（5）：529−537.

[2] 晏儒来．薹用白菜起源与品种选育栽培 [M]．北京：中国农业出版社，2014：83−87.

[3] 周妍萍，王先琳，晏儒来，等．白菜薹品种白杂二号、白杂三号 [J]．长江蔬菜，2015（15）.

附录4　2016年白菜薹新品种生产试验报告（惠州农科所）

2016年白菜薹新品种生产试验报告

2016年秋季从深圳市农业科技促进中心引进两个白菜薹新品种进行生产试验，试验在我所汤泉基地种植，种植试验已完成，现将试验结果总结如下：

一、试验材料与方法

（一）参试品种：雄心一号、芈心一号。

（二）试验方法

1. 田间试验设计

试验地为壤土，前茬作物为水稻。土地翻耕前每亩施有机肥600kg作底肥。共2个品种，不设重复，小区面积20㎡，深沟高畦，畦宽为1.5米，种植密度：采用相同的品种不同的种植密度，株行距分别为：30cm×30cm、30cm×40cm；育苗移栽，每个品种定植1.0亩。

2. 栽培管理

2个品种播种期均为9月15日，移植期为10月8日，定植后浇足定根水，缓苗期保持土壤湿润。生育期内主要防治跳甲、蚜虫、斜纹夜蛾、小菜蛾等虫害。

二、试验结果综合分析

（一）气候及其他因素的影响

生育期内无特殊天气，两个品种均正常生长。

（二）物候期

注：惠州农科所为惠州市农业科学研究所。

1. 雄心一号：播种至开始采收为 55 天，延续采收 35 天，全生育期为 89 天。（表 1）

2. 芈心一号：播种至开始采收为 57 天，延续采收 33 天，全生育期为 89 天。（表 1）

表 1　2016 年白菜薹新品种生产比较试验生育期调查

品种	播种期（月/日）	移植期（月/日）	始收期（月/日）	盛收期（月/日）	末收期（月/日）	播种期至始收期（天）	始收期至末收期（天）	全生育期（天）
雄心一号	9/15	10/8	11/8	11/28	12/12	55	35	89
芈心一号	9/15	10/8	11/10	11/30	12/12	57	33	89

（三）产量

1. 雄心一号：小区种植面积为 20 m²。株行距为 30cm×30cm，小区平均产量为 50.05kg，折合亩产量为 1667.5kg；株行距为 30cm×40cm，小区平均产量为 47.53kg，折合亩产量为 1587.5kg。

2. 芈心一号：小区种植面积为 20 m²。株行距为 30cm×30cm，小区平均产量为 47.83kg，折合亩产量为 1565.5kg；株行距为 30cm×40cm，小区平均产量为 45.91kg，折合亩产量为 1531.4kg。

（四）主要农艺性状

1. 雄心一号：叶色绿，薹叶深绿色，叶形近圆，叶面微皱，叶柄色白绿，株型开展。生长势强，平均株高 36.70cm，开展度 43.70cm，基叶数平均为 19.80，薹叶数为 9.25，平均叶长 35.75cm，叶宽 20.08cm，叶柄长 12.40cm，叶柄宽 3.25cm，平均主薹长 28.04cm，主薹粗 2.89cm，平均总薹

数为 7.45，平均主单薹重 213.6g，小区平均产量为 48.79 kg。（表2）

2. 芈心一号：叶色绿，薹叶绿色，叶形近圆，叶面平滑，叶柄色白，株型直立。平均株高 35.25cm，开展度 40.85cm，基叶数平均为 19.55，薹叶数为 7.80，平均叶长 34.73cm，叶宽 18.58cm，叶柄长 13.00cm，叶柄宽 3.00cm，平均主薹长 33.45cm，主薹粗 2.20cm，平均总薹数为 7.60，平均主单薹重 126.8g，小区平均产量为 46.87 kg。（表2）

表2　2016年白菜薹新品种生产比较试验主要性状

品种名称		雄心一号		芈心一号	
株行距（cm）		30×30	30×40	30×30	30×40
形态特征	基叶色	绿色	绿色	绿色	绿色
	薹叶色	深绿色	深绿色	绿色	绿色
	叶形	近圆	近圆	近圆	近圆
	叶面	微皱	微皱	平滑	平滑
	叶柄色	白绿	白绿	白色	白色
	株型	开展	开展	直立	直立
	生长势	强	强	强	强
	株高（cm）	35.80	37.60	33.50	37.00
	株幅（cm）	39.80	47.60	38.10	43.60
	基叶数	19.40	20.20	20.00	19.10
	薹叶数	8.10	10.40	7.50	8.10
	叶长（cm）	34.10	37.40	35.05	34.40
	叶宽（cm）	18.25	21.90	18.30	18.85
	叶柄长（cm）	12.30	12.50	13.80	12.20
	叶柄宽（cm）	2.95	3.55	2.98	3.02
	主薹长（cm）	26.50	29.57	33.30	33.60
	主薹粗（cm）	2.85	2.92	2.12	2.28
	总薹数	7.50	7.40	7.20	8.00
生物学特性	主单薹重（g）	212.20	215.00	108.90	144.60
	口感	好	好	好	好
	风味	甜	甜	甜	甜
抗病性	霜霉病（级）	1：高抗	1：高抗	1：高抗	1：高抗
	软腐病（级）	1：高抗	1：高抗	3：抗病	3：抗病
	黑腐病（级）	1：高抗	1：高抗	1：高抗	1：高抗

三、品种表现评述

1. 雄心一号：播种至开始采收为 55 天，延续采收 35 天，全生育期为 89 天，属于中熟品种；薹叶深绿色，叶形近圆，叶面微皱，叶柄色白绿，株型开展，生长势强，口感好，风味甜，对霜霉病、软腐病、黑腐病等表现均为高抗病。

2. 芈心一号：播种至开始采收为 55 天，延续采收 35 天，全生育期为 87 天，属于中熟品种；叶色绿，薹叶绿色，叶形近圆，叶面平滑，叶柄色白，株型直立，生长势强，口感好，风味甜，对霜霉病、黑腐病等表现均为高抗病，对软腐病为抗病。

惠州市农业科学研究所

2016 年 12 月

附录5　2017年白菜薹新品种生产试验报告（农促中心）

2017 年白菜薹新品种生产试验报告

深圳市农业科技促进中心　　周成良

2017 年秋季白菜薹新品种生产试验在 J3 区种植，种植试验已完成，现将试验结果总结如下：

一、试验材料与方法

（一）参试品种：共 2 个品种，分别是：雄心一号、芈心一号。

（二）试验方法

1. 田间试验设计

试验地为沙壤土，前茬作物为玉米。土地翻耕前每亩施有机肥 500kg 作底肥。采用随机区组排列，每个品种安排株行距 30cm×30cm、30cm×40cm、40cm×40cm 三个不同种植密度，共有 6 个处理，设 3 次重复，小区面积 15 m²，深沟高畦，畦宽为 1.5 米，种植密度，育苗移栽，四周设保护行，保护行采用相同品种延伸。

2. 栽培管理

各品种播种期为 9 月 12 日，移植期为 10 月 7 日，定植后浇足定根水，缓苗期保持土壤湿润。在田间管理中，根据植株不同的生长时期对水分和养分的需求进行适时滴水及追肥，主要用水溶肥通过滴管滴施。10 月 17 日喷施中生菌素 750 倍+烯酰吗啉 1500 倍+高效氯氰菊酯 500 倍+哒螨灵 500 倍；10 月 19 日喷施烯酰吗啉 1500 倍+哒螨灵 500 倍+敌敌畏 1000 倍+丁脒脲 1000 倍；11 月 7 日喷施烯酰吗啉 1500 倍+敌敌畏 1000 倍+丁脒脲 1000 倍+妙甲 750 倍；11 月 18 日喷施吡虫啉 1500 倍+哒螨灵 500 倍+联苯菊酯 750

注：农促中心为深圳市农业科技促进中心。

倍等，主要防治跳甲、蚜虫、斜纹夜蛾、小菜蛾、霜霉病等。

二、试验结果综合分析

（一）气候及其他因素的影响

移植后，在采收期有连续下小雨，试验地为沙壤土，易板结，肥力中等，土壤表层肥力不均匀等。这些因素对其生长及产量都受到一定的影响。

（二）物候期

1. 雄心一号：播种至开始采收为56天，延续采收23天，全生育期为79天，属于中熟品种。（表1）

2. 芈心一号：播种至开始采收为56天，延续采收23天，全生育期为79天，属于中熟品种。（表1）

表1 2017年白菜薹新品种生产比较试验生育期调查

品种	播种期月/日	移植期月/日	始收期月/日	盛收期月/日	末收期月/日	播种期至始收期（天）	始收期至末收期（天）	全生育期（天）
雄心一号	9/12	10/7	11/7	11/13	11/30	56	23	79
芈心一号	9/12	10/7	11/7	11/13	11/30	56	23	79

（三）产量

1. 雄心一号：小区种植面积为15㎡。株行距为30cm×30cm，小区平均产量为23.07kg，折合亩产量为1025.85kg，排名第二；株行距为30cm×40cm，小区平均产量为24.58kg，折合亩产量为1092.84kg，排名第一；株行距为40cm×40cm，小区平均产量为21.25kg，折合亩产量为944.92kg，排名第三。（表2）

2. 芈心一号：小区种植面积为15㎡。株行距为30cm×30cm，小区平均产量为17.32kg，折合亩产量为770.16kg，排名第四；

株行距为 30cm×40cm，小区平均产量为 15.19kg，折合亩产量为 675.60kg，排名第六；株行距为 40cm×40cm，小区平均产量为 17.03kg，折合亩产量为 757.27kg，排名第五。（表2）

表2　2017年白菜薹新品种生产比较试验总产量　　　　　单位：kg

品种名称	小区面积（cm）	株行距（cm）	小区产量（kg）			合计	小区平均产量（kg）	折亩产量（kg）	位次
			I	II	III				
雄心一号	15	30×30	24.81	22.52	21.88	69.21	23.07	1025.85	2
	15	30×40	29.78	22.48	21.47	73.73	24.58	1092.84	1
	15	40×40	24.06	17.48	22.21	63.75	21.25	944.92	3
芈心一号	15	30×30	14.69	20.44	16.83	51.96	17.32	770.16	4
	15	30×40	14.92	16.22	14.44	45.58	15.19	675.60	6
	15	40×40	16.94	15.80	18.35	51.09	17.03	757.27	5

（四）主要农艺性状

1. 雄心一号：叶色绿，薹叶深绿色，叶形近圆，叶面微皱，叶柄色白绿，株型开展，生长势强，口感好，风味甜，该品种对耐热性、耐旱性、耐寒性均表现为强，对霜霉病、软腐病、黑腐病等表现均为高抗病。（1）株行距为 30cm×30cm：平均株高 35.80cm，开展度 39.80cm，基叶数平均为 19.40，薹叶数为 8.10，平均叶长 34.10cm，叶宽 18.25cm，叶柄长 12.30cm，叶柄宽 2.95cm，平均主薹长 26.50cm，主薹粗 2.85cm，平均总薹数为 7.50，平均主单薹重 212.20g；（2）株行距为 30cm×40cm：平均株高 36.70cm，开展度 40.70cm，基叶数平均为 19.80，薹叶数为 8.70，平均叶长 37.80cm，叶宽 20.50cm，叶柄长 13.30cm，叶柄宽 3.25cm，平均主薹长 28.40cm，主薹粗 3.00cm，平均总薹数为 7.10，平均主单薹重 235.60g；（3）株行距为 40cm×40cm：平均株高 37.60cm，开展度 47.60cm，基叶数平均为 20.20，薹叶数为 10.40，平均叶长 37.40cm，叶宽 21.90cm，叶柄长 12.50cm，叶柄宽 3.55cm，平均主薹长 29.57cm，主薹粗 2.92cm，平均总薹数为 7.40，平均主单薹重 215.00g。（表 3）

2.芈心一号：叶色绿，薹叶绿色，叶形近圆，叶面平滑，叶柄色白，株型直立，生长势强，口感好，风味甜，该品种对耐热性、耐旱性、耐寒性均表现为强，对霜霉病、黑腐病等表现均为高抗病，对软腐病为抗病。（1）株行距为 30cm×30cm：平均株高 33.50cm，开展度 38.10cm，基叶数平均为 20.00，薹叶数为 7.50，平均叶长 35.05cm，叶宽 18.30cm，叶柄长 13.80cm，叶柄宽 2.98cm，平均主薹长 33.30cm，主薹粗 2.12cm，平均总薹数为 7.20，平均主单薹重 108.90g；（2）株行距为 30cm×40cm：平均株高 38.20cm，开展度 43.50cm，基叶数平均为 19.50，薹叶数为 8.10，平均叶长 36.75cm，叶宽 19.40cm，叶柄长 13.30cm，叶柄宽 3.17cm，平均主薹长 28.40cm，主薹粗 2.41cm，平均总薹数为 7.80，平均主单薹重 143.80g；（3）株行距为 40cm×40cm：平均株高 37.00cm，开展度 43.60cm，基叶数平均为 19.10，薹叶数为 8.10，平均叶长 34.40cm，叶宽 18.85cm，叶柄长 12.20cm，叶柄宽 3.02cm，平均主薹长 33.60cm，主薹粗 2.28cm，平均总薹数为 8.00，平均主单薹重 144.60g。（表 3）

表3 2017年白菜薹新品种生产比较试验主要性状

品种名称		雄心一号			芈心一号		
株行距（cm）		30×30	30×40	40×40	30×30	30×40	40×40
形态特征	基叶色	绿色			绿色		
	薹叶色	深绿色			绿色		
	叶形	近圆			近圆		
	叶面	微皱			平滑		
	叶柄色	白绿			白色		
	株型	开展			直立		
	生长势	强			强		
	株高（cm）	35.80	36.70	37.60	33.50	38.20	37.00
	株幅（cm）	39.80	40.70	47.60	38.10	43.50	43.60
	基叶数	19.40	19.80	20.20	20.00	19.50	19.10
	薹叶数	8.10	8.70	10.40	7.50	8.10	8.10
	叶长（cm）	34.10	37.80	37.40	35.05	36.75	34.40
	叶宽（cm）	18.25	20.50	21.90	18.30	19.40	18.85
	叶柄长（cm）	12.30	13.30	12.50	13.80	13.30	12.20
	叶柄宽（cm）	2.95	3.25	3.55	2.98	3.17	3.02
	主薹长（cm）	26.50	28.40	29.57	33.30	28.40	33.60
	主薹粗（cm）	2.85	3.00	2.92	2.12	2.41	2.28
	总薹数	7.50	7.10	7.40	7.20	7.80	8.00
生物学特性	主单薹重（g）	212.20	235.60	215.00	108.90	143.80	144.60
	口感	好			好		
	风味	甜			甜		
抗逆性	耐热性	强			强		
	耐寒性	强			强		
	耐旱性	强			强		
抗病性	霜霉病(级)	1：高抗			1：高抗		
	软腐病(级)	1：高抗			3：抗病		
	黑腐病(级)	1：高抗			1：高抗		

三、品种表现评述

1. 雄心一号：播种至开始采收为56天，延续采收23天，全生育期为79天，属于早熟品种；薹叶深绿色，叶形近圆，叶面微皱，叶柄色白绿，株型开展，生长势强，口感好，风味甜，该品种对耐热性、耐旱性、耐寒性均表现为强，对霜霉病、软腐病、黑腐病等表现均为高抗病。

（1）株行距为 30cm×30cm：平均株高 35.80cm，开展度 39.80cm，基叶数平均为 19.40，薹叶数为 8.10，平均叶长 34.10cm，叶宽 18.25cm，叶柄长 12.30cm，叶柄宽 2.95cm，平均主薹长 26.50cm，主薹粗 2.85cm，平均总薹数为 7.50，平均主单薹重 212.20g；小区平均产量为 23.07kg，折合亩产量为 1025.85kg，排名第二。

（2）株行距为 30cm×40cm：平均株高 36.70cm，开展度 40.70cm，基叶数平均为 19.80，薹叶数为 8.70，平均叶长 37.80cm，叶宽 20.50cm，叶柄长 13.30cm，叶柄宽 3.25cm，平均主薹长 28.40cm，主薹粗 3.00cm，平均总薹数为 7.10，平均主单薹重 235.60g；小区平均产量为 24.58kg，折合亩产量为 1092.84kg，排名第一。

（3）株行距为 40cm×40cm：平均株高 37.60cm，开展度 47.60cm，基叶数平均为 20.20，薹叶数为 10.40，平均叶长 37.40cm，叶宽 21.90cm，叶柄长 12.50cm，叶柄宽 3.55cm，平均主薹长 29.57cm，主薹粗 2.92cm，平均总薹数为 7.40，平均主单薹重 215.00g；小区平均产量为 21.25kg，折合亩产量为 944.92kg，排名第三。

其中，在相同的品种在不同的处理方法，种植合理密植株中行距为 30cm×40cm 产量最高，适宜在深圳及周边地区推广种植。

2. 芈心一号：播种至开始采收为 56 天，延续采收 23 天，全生育期为 79 天，属于中熟品种；叶色绿，薹叶绿色，叶形近圆，叶面平滑，叶柄色白，株型直立，生长势强，口感好，风味甜，该品种对耐热性、耐旱性、耐寒性均表现为强，对霜霉病、黑腐病等表现均为高抗病，对软腐病为抗病。

（1）株行距为 30cm×30cm：平均株高 33.50cm，开展度

38.10cm,基叶数平均为 20.00,薹叶数为 7.50,平均叶长 35.05cm,叶宽 18.30cm，叶柄长 13.80cm，叶柄宽 2.98cm，平均主薹长 33.30cm，主薹粗 2.12cm，平均总薹数为 7.20，平均主单薹重 108.90g；小区平均产量为 17.32kg，折合亩产量为 770.16kg，排名第四。

（2）株行距为 30cm×40cm：平均株高 38.20cm，开展度 43.50cm,基叶数平均为 19.50,薹叶数为 8.10,平均叶长 36.75cm,叶宽 19.40cm，叶柄长 13.30cm，叶柄宽 3.17cm，平均主薹长 28.40cm，主薹粗 2.41cm，平均总薹数为 7.80，平均主单薹重 143.80g；小区平均产量为 15.19kg，折合亩产量为 675.60kg，排名第六。

（3）株行距为 40cm×40cm：平均株高 37.00cm，开展度 43.60cm,基叶数平均为 19.10,薹叶数为 8.10,平均叶长 34.40cm,叶宽 18.85cm，叶柄长 12.20cm，叶柄宽 3.02cm，平均主薹长 33.60cm，主薹粗 2.28cm，平均总薹数为 8.00，平均主单薹重 144.60g；小区平均产量为 17.03kg，折合亩产量为 757.27kg，排名第五。

其中，在相同的品种的不同处理方法中，种植合理密植株中行距为 30cm×30cm 产量最高，适宜在深圳及周边地区推广种植。

所以，在这次白菜薹品种生产比较试验中，雄心一号品种用 3 个处理，设 3 次重复，株行距为 30cm×40cm 产量最高，其次是株行距为 30cm×30cm，最后是株行距为 40cm×40cm；芈心一号品种用 3 个处理，设 3 次重复，株行距为 30cm×30cm 产量最高，其次是株行距为 40cm×40cm，最后是株行距为 30cm×40cm。

附录6 2017年白菜薹新品种生产试验报告（博罗县）

2017年白菜薹新品种生产试验报告

2017年秋季白菜薹新品种生产试验在博罗县农业科技示范场示范基地进行，种植试验已完成，现将试验结果总结如下：

一、试验材料与方法

（一）参试品种：雄心一号、芈心一号共2个品种，从深圳市农业科技促进中心引进。

（二）试验方法

1. 田间试验设计

试验地为沙壤土，前茬作物为水稻。土地翻耕前每亩施有机肥600kg作底肥。2个品种，分两批播种。不设重复，小区面积20㎡，深沟高畦，畦宽为1.5米，种植密度为：30cm×40cm；育苗移栽，每个品种定植0.5亩。

2. 栽培管理

2个品种第一批播种期均为9月10日，移植期为10月5日；第二批播种期均为9月30日，移植期为10月26日。定植后浇足定根水，缓苗期保持土壤湿润。生育期内主要防治跳甲、蚜虫、斜纹夜蛾、小菜蛾等虫害。

二、试验结果综合分析

（一）气候及其他因素的影响

生育期内无特殊天气，两个品种均正常生长。

（二）物候期

1. 雄心一号：第一批播种至开始采收为56天，延续采收37天，全生

注：博罗县为广东省惠州市下辖县。

育期为 92 天；第二批播种至始收为 59 天，延续采收 30 天，全生育期为 88 天。（见表 1）

2. 芈心一号：第一批播种至开始采收为 58 天，延续采收 35 天，全生育期为 92 天；第二批播种至始收为 61 天，延续采收 28 天，全生育期为 88 天。（见表 1）

表1 2017年白菜薹新品种生产比较试验生育期调查

品种	播种期 （月/日）	移植期 （月/日）	始收期 （月/日）	盛收期 （月/日）	末收期 （月/日）	播种期至 始收期 （天）	始收期至 末收期 （天）	全生育 期 （天）
雄心一号	9/10	10/5	11/4	11/16	12/10	56	37	92
芈心一号	9/10	10/5	11/6	11/18	12/10	58	35	92
雄心一号	9/30	10/26	11/27	12/7	12/26	59	30	88
芈心一号	9/30	10/26	11/29	12/9	12/26	61	28	88

（三）产量

1. 雄心一号：小区种植面积为 20 ㎡。株行距为 30cm×40cm，第一批小区平均产量为 48.45kg，折合亩产量为 1614.1kg。第二批小区平均产量为 52.36kg，折合亩产量为 1747.5kg。

2. 芈心一号：小区种植面积为 20 ㎡。株行距为 30cm×40cm，第一批小区平均产量为 45.92kg，折合亩产量为 1534.1kg。第二批小区平均产量为 50.68kg，折合亩产量为 1687.5kg。

（四）主要农艺性状

1. 雄心一号：叶色绿，薹叶深绿色，叶形近圆，叶面微皱，叶柄色白绿，株型开展，生长势强,株行距为 30cm×40cm：平均株高 37.70cm，开展度 41.50cm，基叶数平均为 18.50，薹叶数为 8.00，平均叶长 36.6cm，叶宽 21.20cm，叶柄长 12.90cm，叶柄宽 3.12cm，平均主薹长 30.6cm，主薹粗 2.79cm，平均总薹数为 6.40，平均主单薹重 196.0g。（表 2）

2. 芈心一号：叶色绿，薹叶绿色，叶形近圆，叶面平滑，叶柄色白，株型直立。株行距为 30cm×40cm：平均株高 40.40cm，开展度 42.50cm，基叶数平均为 17.30，薹叶数为 7.80，平均叶长 35.10cm，叶宽 19.00cm，叶柄长 12.00cm，叶柄宽 3.07cm，平均主薹长 32.60cm，主薹粗 2.68cm，平均总薹数为 7.30，平均主单薹重 184.9g。（表 2）

表 2　2017 年白菜薹新品种生产比较试验主要性状

品种名称		雄心一号	芈心一号
株行距（cm）		30×40	30×40
形态特征	基叶色	绿色	绿色
	薹叶色	深绿色	绿色
	叶形	近圆	近圆
	叶面	微皱	平滑
	叶柄色	白绿	白色
	株型	开展	直立
	生长势	强	强
	株高（cm）	37.70	40.40
	株幅（cm）	41.50	42.50
	基叶数	18.50	17.30
	薹叶数	8.00	7.8
	叶长（cm）	36.60	35.10
	叶宽（cm）	21.20	19.00
	叶柄长（cm）	12.90	12.00
	叶柄宽（cm）	3.12	3.07
	主薹长（cm）	30.60	32.60
	主薹粗（cm）	2.79	2.68
	总薹数	6.40	7.30
生物学特性	主单薹重（g）	196.0	184.9
	口感	好	好
	风味	甜	甜
抗病性	霜霉病（级）	1：高抗	1：高抗
	软腐病（级）	1：高抗	3：抗病
	黑腐病（级）	1：高抗	1：高抗

三、品种表现评述

1. 雄心一号：播种至开始采收为 56 天，延续采收 37 天，全生育期为 92 天；薹叶深绿色，叶形近圆，叶面微皱，叶柄色白绿，株型开展，生长势强，口感好，风味甜，小区平均产量为 52.36kg，折合亩产量为 1747.5kg。对霜霉病、软腐病、黑腐病等表现均为高抗病。

2. 芈心一号：播种至开始采收为 58 天，延续采收 35 天，全生育期为 92 天；叶色绿，薹叶绿色，叶形近圆，叶面平滑，叶柄色白，株型直立，生长势强，口感好，风味甜，小区平均产量为 50.68kg，折合亩产量为 1687.5kg。该品种生长期内未遇灾害天气对霜霉病、黑腐病等表现均为高抗病，对软腐病为抗病。

报告撰写人：王日芳
博爱县农业技术推广中心
2017 年 12 月

附录7　2017年白菜薹新品种试种试验报告（江门市）

2017年白菜薹新品种试种试验报告

2017年秋季白菜薹新品种在江门市江海区进行试种试验，试验已完成，现将试验结果总结如下：

一、试验材料与方法

（一）供试品种：共 2 个品种，分别是：雄心一号、芈心一号。均由深圳市农业科技促进中心提供。

（二）试验方法

1. 田间试验设计

试验地为壤土，前茬作物为水稻。每亩施有机肥 600kg 作底肥，畦宽为 1.5 米，种植密度为：30cm×30cm，育苗移栽；每个品种定植 0.5 亩，测产设 3 个点，每个点测产面积为 20 ㎡。

2. 栽培管理

2 个品种播种期均为 9 月 5 日，移植期为 9 月 30 日，定植后浇足定根水，缓苗期保持土壤湿润。生育期内主要防治跳甲、蚜虫、斜纹夜蛾、小菜蛾等虫害。

二 试验结果综合分析

（一）气候及其他因素的影响

生育期内无特殊天气，两个品种均正常生长。

（二）物候期

1. 雄心一号：播种至开始采收为 55 天，延续采收 33 天，全生育期为87天。（见表1）

2. 芈心一号：播种至开始采收为 55 天，延续采收 33 天，全生育期为

注：江门市为广东省辖地级市。

87 天。（表1）

表1 2017 年白菜薹新品种试种试验生育期调查

品种	播种期（月/日）	移植期（月/日）	始收期（月/日）	盛收期（月/日）	末收期（月/日）	播种期至始收期（天）	始收期至末收期（天）	全生育期（天）
雄心一号	9/5	9/30	10/29	11/17	11/30	55	33	87
芈心一号	9/5	9/30	11/1	11/20	11/30	58	30	87

（三）总产量

1. 雄心一号：每个点测产面积为 20 ㎡，3 个点平均产量为 47.78kg，折合亩产量为 1593.57kg。（表2）

2. 芈心一号：每个点测产面积为 20 ㎡，3 个点平均产量为 45.26kg，折合亩产量为 1509.42kg。（表2）

表2 2017 年白菜薹新品种试种试验产量 单位：kg

品种	测产点			平均产量	折合亩产
	1	2	3		
雄心一号	52.82	46.94	43.59	47.78	1 593.57
芈心一号	44.74	41.69	49.35	45.26	1 509.42

（四）主要农艺性状

1. 雄心一号：叶色绿，薹叶深绿色，叶形近圆，叶面微皱，叶柄色白绿，株型开展，生长势强，株行距为 30cm×30cm：平均株高 35.80cm，开展度 39.80cm，基叶数平均为 19.40，薹叶数为 8.10，平均叶长 34.10cm，叶宽 18.25cm，叶柄长 12.30cm，叶柄宽 2.95cm，平均主薹长 26.50cm，主薹粗 2.85cm，平均总薹数为 7.50，平均主单薹重 212.20g。（表3）

2．芈心一号：叶色绿，薹叶绿色，叶形近圆，叶面平滑，叶柄色白，株型直立。株行距为 30cm×30cm：平均株高 33.50cm，开展度 38.10cm，基叶数平均为 20.00，薹叶数为 7.50，平均叶长 35.05cm，叶宽 18.30cm，叶柄长 13.80cm，叶柄宽 2.98cm，平均主薹长 33.30cm，主薹粗 2.12cm，平均总薹数为 7.20，平均主单薹重 108.90g。（表 3）

表 3　2017 年白菜薹新品种试种试验主要性状

品种名称		雄心一号	芈心一号
株行距（cm）		30×30	30×30
形态特征	基叶色	绿色	绿色
	薹叶色	深绿色	绿色
	叶形	近圆	近圆
	叶面	微皱	平滑
	叶柄色	白绿	白色
	株型	开展	直立
	生长势	强	强
	株高（cm）	35.80	33.50
	株幅（cm）	39.80	38.10
	基叶数	19.40	20.00
	薹叶数	8.10	7.50
	叶长（cm）	34.10	35.05
	叶宽（cm）	18.25	18.30
	叶柄长（cm）	12.30	13.80
	叶柄宽（cm）	2.95	2.98
	主薹长（cm）	26.50	33.30
	主薹粗（cm）	2.85	2.12
	总薹数	7.50	7.20
生物学特性	主单薹重（g）	212.20	108.90
	口感	好	好
	风味	甜	甜
抗逆性	耐　热　性	强	强
	耐　寒　性	强	强
	耐　旱　性	强	强
田间抗病性	霜霉病(级)	1：高抗	1：高抗
	软腐病(级)	1：高抗	3：抗病
	黑腐病(级)	1：高抗	1：高抗

三、品种表现评述

1. 雄心一号：播种至开始采收为 55 天，延续采收 33 天，全生育期为 87 天；薹叶深绿色，叶形近圆，叶面微皱，叶柄色白绿，株型开展，生长势强，口感好，风味甜，测产平均产量为 47.78kg，折合亩产量为 1593.57kg。该品种对耐热性、耐旱性、耐寒性均表现为强，对霜霉病、软腐病、黑腐病等田间表现均为高抗病。

2. 芈心一号：播种至开始采收为 58 天，延续采收 30 天，全生育期为 87 天，属于中熟品种；叶色绿，薹叶绿色，叶形近圆，叶面平滑，叶柄色白，株型直立，生长势强，口感好，风味甜，测产平均产量为 45.26kg，折合亩产量为 1509.42kg。该品种对耐热性、耐旱性、耐寒性均表现为强，对霜霉病、黑腐病等田间表现均为高抗病，对软腐病为抗病。

江门市农业科学研究所

2017 年 12 月 1 日

附录8　雄心一号芇心一号生产试验报告（嘉农）

雄心一号芇心一号生产试验报告

2017年秋季从深圳市农业科技促进中心引进两个白菜薹新品种，在我司连州基地试验种植，种植试验已完成，现将试验结果总结如下：

一、试验材料与方法

（一）参试品种：雄心一号、芇心一号。

（二）试验方法

1. 田间试验设计

试验地为壤土，前茬作物为叶菜。土地翻耕前每亩施有机肥550kg作底肥。采用随机区组排列，共有6个处理，设3次重复，小区面积20㎡，深沟高畦，畦宽为1.5米，种植密度：采用相同的品种不同的种植密度，株行距分别为：30cm×30cm、30cm×40cm、40cm×40cm；育苗移栽，四周设保护行，保护行采用相同品种延伸。

2. 栽培管理

各处理播种期均为8月27日，移植期为9月25日，定植后浇足定根水，缓苗期保持土壤湿润。全生育期内主要防治跳甲、蚜虫、斜纹夜蛾、小菜蛾等虫害，病害主要防霜霉病。

二、试验结果综合分析

（一）气候及其他因素的影响

全生育期内无特殊天气，所有处理均正常生长。

（二）物候期

1. 雄心一号：播种至开始采收为56天，延续采收37天，全生育期为92天。（表1）

注：嘉农为深圳市嘉农现代农业发展有限公司。

2. 芈心一号：播种至开始采收为 56 天，延续采收 237 天，全生育期为 92 天。（见表 1）

表 1　2017 年白菜薹新品种生产比较试验生育期调查

品种	播种期 （月/日）	移植期 （月/日）	始收期 （月/日）	盛收期 （月/日）	末收期 （月/日）	播种期至 始收期 （天）	始收期至 末收期 （天）	全生育 期 （天）
雄心一号	8/27	9/25	10/27	11/15	12/3	56	37	92
芈心一号	8/27	9/25	10/30	11/18	12/3	59	34	92

（三）产量

1. 雄心一号：小区种植面积为 20 ㎡。株行距为 30cm×30cm，小区平均产量为 49.57kg，折合亩产量为 1667.5kg；株行距为 30cm×40cm，小区平均产量为 48.37kg，折合亩产量为 1614.1kg,；株行距为 40cm×40cm，小区平均产量为 48.05kg，折合亩产量为 1600.8kg。

2. 芈心一号：小区种植面积为 20 ㎡。株行距为 30cm×30cm，小区平均产量为 48.89kg，折合亩产量为 1627.5kg；株行距为 30cm×40cm，小区平均产量为 47.55kg，折合亩产量为 1587.5kg，株行距为 40cm×40cm，小区平均产量为 47.58kg，折合亩产量为 1574.1kg。

（四）主要农艺性状

1. 雄心一号：叶色绿，薹叶深绿色，叶形近圆，叶面微皱，叶柄色白绿，株型开展，生长势强，口感好，风味甜，该品种对耐热性、耐旱性、耐寒性均表现为强，对霜霉病、软腐病、黑腐病等表现均为高抗病。株行距为 30cm×30cm：平均株高 36.70cm，开展度 40.04cm，基叶数平均为 20.01，薹叶数为 8.45，平均叶长 33.95cm，叶宽 18.00cm，叶柄长 13.12cm，叶柄宽 3.10cm，平均主薹长 27.21cm，主薹粗 2.90cm，平均总薹数为 7.88，平均主单薹重 218.3g；（2）株行距为 30cm×30cm：平均株高 35.80cm，开展度 39.80cm，基叶数平均为 19.40，薹叶数为 8.10，平均叶长 34.10cm，叶宽 18.25cm，叶柄长 12.30cm，叶柄宽 2.95cm，平均主薹长 26.50cm，主薹粗 2.85cm，平均总薹数为 7.50，平均主单薹重 212.20g；（3）株行距为 40cm×40cm：平均株高 36.70cm，开展度 40.70cm，基叶数平均为 19.80，薹叶数为 8.70，平均叶长 37.80cm，叶宽 20.50cm，叶柄长 13.30cm，叶柄宽 3.25cm，平均主薹长 28.40cm，主薹粗 3.00cm，平均总薹数为 7.10，平均主单薹重 235.60g。（表 1）

2. 芈心一号：叶色绿，薹叶绿色，叶形近圆，叶面平滑，叶柄色白，株型直立，生长势强，口感好，风味甜，该品种对耐热性、耐旱性、耐寒性均表现为强，对霜霉病、黑腐病等表现均为高抗病，对软腐病为抗病。（1）株行距为 30cm×30cm：平均株高 35.25cm，开展度 40.85cm，基叶数平均为 19.55，薹叶数为 7.80，平均叶长 34.73cm，叶宽 18.58cm，叶柄长 13.80cm，叶柄宽 2.98cm，平均主薹长 33.30cm，主薹粗 2.12cm，平均总薹数为 7.20，平均主单薹重 118.2g；（2）株行距为 30cm×40cm：平均株高 37.00cm，开展度 43.60cm，基叶数平均为 19.10，薹叶数为 8.10，平均叶长 34.40cm，叶宽 18.85cm，叶柄长 12.20cm，叶柄宽 3.02cm，平均主薹长 33.60cm，主薹粗 2.28cm，平均总薹数为 8.00，平均主单薹重 144.60g。（3）株行距为 40cm×40cm：平均株高 38.20cm，开展度 43.50cm，基叶数平均为 19.50，薹叶数为 8.10，平均叶长 36.75cm，叶宽 19.40cm，叶柄长 13.30cm，叶柄宽 3.17cm，平均主薹长 28.40cm，主薹粗 2.41cm，平均总薹数为 7.80，平

均主单薹重143.80g。（表2）

表2 2017年白菜薹新品种生产比较试验主要性状

品种名称		雄心一号			芈心一号		
株行距（cm）		30×30	30×40	40×40	30×30	30×40	40×40
形态特征	基叶色	绿色			绿色		
	薹叶色	深绿色			绿色		
	叶形	近圆			近圆		
	叶面	微皱			平滑		
	叶柄色	白绿			白色		
	株型	开展			直立		
	生长势	强			强		
	株高（cm）	36.70	35.80	36.70	35.25	37.00	38.20
	株幅（cm）	40.04	39.80	40.70	40.85	43.60	43.50
	基叶数	20.01	19.40	19.80	19.55	19.10	19.50
	薹叶数	8.45	8.10	8.70	7.80	8.10	8.10
	叶长（cm）	33.95	34.10	37.80	34.73	34.40	36.75
	叶宽（cm）	18.00	18.25	20.50	18.58	18.85	19.40
	叶柄长（cm）	13.12	12.30	13.30	13.80	12.20	13.30
	叶柄宽（cm）	3.10	2.95	3.25	2.98	3.02	3.17
	主薹长（cm）	27.21	26.50	28.40	33.30	33.60	28.40
	主薹粗（cm）	2.90	2.85	3.00	2.12	2.28	2.41
生物学特性	总薹数	7.88	7.50	7.10	7.20	8.00	7.80
	主单薹重（g）	218.30	212.20	235.30	118.20	144.60	143.80
	口感	好			好		
	风味	甜			甜		
抗逆性	耐热性	强			强		
	耐寒性	未发生寒害			未发生寒害		
	耐旱性	未发生干旱			未发生干旱		
抗病性	霜霉病(级)	1：高抗			1：高抗		
	软腐病(级)	1：高抗			3：抗病		
	黑腐病(级)	1：高抗			1：高抗		

三、品种表现评述

1. 雄心一号：播种至开始采收为56天，延续采收37天，全生育期为92天；薹叶深绿色，叶形近圆，叶面微皱，叶柄色白绿，株型开展，生长势强，口感好，风味甜，该品种对耐热性强、寒害和干旱均未发生，对霜霉病、软腐病、黑腐病等表现均为高抗病。

2. 芈心一号：播种至开始采收为 59 天，延续采收 34 天，全生育期为 92 天；叶色绿，薹叶绿色，叶形近圆，叶面平滑，叶柄色白，株型直立，生长势强，口感好，风味甜，该品种对耐热性强、寒害和干旱均未发生，对霜霉病、黑腐病等表现均为高抗病，对软腐病为抗病。

深圳市嘉茬现代农业发展有限公司

2017 年 12 月

附录9　新型白菜薹品种"雄心一号"的选育

新型白菜薹品种"雄心一号"的选育

王先琳，周成良，苏运诗，陈利丹，王翠叶，谢月华*

（深圳市农业科技促进中心，广东 深圳　518122）

摘要："雄心一号"是以菜心细胞质雄性不育系BC-31-10-5-2-1-1为母本，以早熟白菜2-1-1-1-1-1-1-2-1为父本配制而成的，不需要春化、高产的白菜薹新品种。表现：生长势强，中早熟，播种至初收约55 d，延续采收约48 d，抽薹整齐，商品综合性状好，每667 m^{2}产量在1 500 kg以上。最适合生长温度15～25 ℃，适宜我国宁夏、甘肃、河南、云南、长江流域和华南地区等主要薹菜栽培区适时栽培。

关键词：雄心一号；白菜薹；新品种；选育

Breeding of a New Flowering Chinese Cabbage 'Xiongxin No.1'

WANG Xianlin, ZHOU Chengliang, SU Yunshi, CHEN Lidan, WANG Cuiye, XIE Yuehua*

(Shenzhen Agricultural Science and Technology Promotion Center, Shenzhen　518122, China)

Abstract: 'Xiongxin No.1' was a new, no need for vernalization and high-yielding flowering Chinese cabbage, which was developed by using the cytoplasmic male sterile line BC-31-10-5-2-1-1 as female parent and early-maturing Chinese cabbage 2-1-1-1-1-1-1-2-1 as male parent. The cultivar had strong growth vigor, medium early maturity, about 55 days from sowing to first harvest, and could be continuously harvested about 48 days. It had good commodity quality, and the yield was over 1 500 kg per 667 m^2. The most suitable growth temperature was 15-25 ℃, it was suitable for timely cultivation in Ningxia, Gansu, Henan, Yunnan, Yangtze River Valley and south China.

Keywords: Xiongxin No.1; flowering Chinese cabbage; new cultivar; breeding

白菜薹（*Brassica campestris* L. ssp. *chiennesis* var. *ultilissen.* et Lee）是十字花科芸薹属白菜亚种的一个变种，起源于长江流域，是我国特产蔬菜[1]。由于白菜薹清香嫩脆，美味可口，越来越受到食用者的喜爱[2]；但是，白菜抽薹前需要春化，在自然条件下通常只有春季有个短暂的季节可以吃到白菜薹；因此，克服大白菜需要低温春化的局限，实现白菜薹周年供应迫在眉睫[3-5]。

深圳市农业科技促进中心利用大白菜作父本改良菜薹的品质，利用菜心克服大白菜需要低温春化的局限，利用菜心细胞质雄性不育系克服自交不亲和系难以扩繁的弱点，选育出不需春化、高产的白菜薹新品种。

1　选育过程

母本是菜心细胞质雄性不育系BC-31-10-5-2-1-1，该不育系是1999年利用红杂50的不育系9904A作不育源，31号甜菜心作保持系转育而成的。叶柄、薹和叶均为绿色，叶面平滑，叶卵圆形。

父本是早熟白菜2-1-1-1-1-1-1-2-1，是由早熟白菜单株自交选育而成。叶柄绿白色，基叶绿色，叶面微皱，叶卵圆形。

2013年，利用菜心细胞质不育系BC-31-10-5-2-1-1作母本，早熟白菜2-1-1-1-1-1-1-2-1作父本进行测交配组，并适当扩繁，2016—2017年在惠州、清远、江门、深圳等地进行多年、多点试验，试验结果均表现突出，是一个类型新颖，性状稳定，丰产性好，品质优良，不需要低温春化，半包叶，外形像白菜的白菜薹新品种，并定名为"雄心一号"。2018年1月获得深圳市科技成果登记。

2 选育结果

2.1 丰产性

2.1.1 品种比较试验

2016—2017年在深圳市农业科技促进中心试验示范场进行雄心一号品种比较试验，小区面积15 m²，3次重复，随机区组排列。以早熟白菜薹作为对照（CK），株行距为40 cm×30 cm，育苗移栽，四周设2行保护行，保护行采用同品种延伸。

由表1可知：2016年，雄心一号折合667 m²产量为1 717.30 kg，比早熟白菜薹增产4.19%；2017年，雄心一号折合667 m²产量1 092.84 kg，比早熟白菜薹增产61.76%，且二者差异极显著。

2.1.2 区域试验

2016—2017年分别在惠州、清远和江门进行区域试验，采用随机区组排列，设3次重复，小区面积20 m²，深沟高畦，畦宽为1.5 m，种植株行距为40 cm×30 cm，育苗移栽，四周设2行保护行，保护行采用同品种延伸。

在2016、2017年惠州、清远和江门的区域试验中，雄心一号667 m²产量均比早熟白菜薹高；其中，2016年在江门，雄心一号比早熟白菜薹增产5.57%（表2）。

2.1.3 生产示范试验

自2016年以来，雄心一号在深圳、清远、惠州、宁夏、河南、云南等薹菜主栽基地进行生产示范和推广应用，由于生长势强，整齐度高，

商品性好，口感佳，推广面积随着雄心一号的亲本数量的扩大而不断增加，种子供不应求，市场反应良好。宁夏每667 m²产量最高达到2 086.36 kg（2019年早春茬），河南每667 m²产量均在2 000 kg以上，云南红河州和曲靖市每667 m²产量均在1 700 kg以上（表3）。

2.2 品质

薹叶色深绿，叶形近圆，叶柄色白绿，生长势强，整齐度高，商品性好。口感好，风味甜，可溶性固形物浓度：薹约3.3%，薹叶柄约2.2%，薹叶片约7.0%。

2.3 抗性

2016—2017年雄心一号在惠州、江门、清远和深圳品种比较试验和区域试验中均未发生霜霉病、软腐病、黑腐病。自品种推广以来，均未收到霜霉病、软腐病和黑腐病发病的病情反馈。该品种的耐热性、耐寒性、耐旱性表现为强。

3 品种特征特性

播种至开始采收为55 d，延续采收48 d，属于中早熟品种，半包叶，外形像白菜，抽薹不需低温春化。叶色绿，薹叶色深绿，叶形近圆，叶面微皱，叶柄色白绿，株型开展，生长势强，口感好，风味甜，平均株高41 cm，株幅48 cm，基叶数平均为17.70片，平均叶长22.6 cm，叶宽19.7 cm，叶柄长13.5 cm，叶柄宽3.2 cm，主薹长27.9 cm，侧薹长27.9 cm，主薹粗2.8 cm，侧薹粗1.8 cm，平均总薹数为10.2个，主单薹质量239.8 g，侧单薹质量64.6 g，667 m²产量在1 500 kg以上。最适合生长温度15～25 ℃。前期可耐高温，后期可以耐0 ℃以下的低温。

4 高效栽培技术

4.1 适期播种

选择土壤肥力中等以上、地势平坦、排灌良好的地块，深耕，深沟高畦，畦宽包沟1.5～1.6 m，以便于采收。长江流域一般在8月初至9月中旬播种，华南地区一般在8月下旬至11月初播种，其他地区参照以上季节播种。

4.2 栽培密度

建议采用育苗移栽的方式时，一般苗龄

表1　雄心一号品种比较试验产量结果

年份	品种	667 m²产量/kg	比CK增产/%
2016	雄心一号	1 717.30	4.19
	早熟白菜薹（CK）	1 648.23	
2017	雄心一号	1 092.84**	61.76
	早熟白菜薹（CK）	675.60	

注：**表示与对照差异极显著（α=0.01）。

表2　雄心一号区域试验

年份	地点	品种	667 m²产量/kg	比CK增产/%
2016	江门	雄心一号	1 593.57	5.57
		早熟白菜薹（CK）	1 509.42	
	清远	雄心一号	1 614.10	1.68
		早熟白菜薹（CK）	1 587.50	
	惠州	雄心一号	1 747.50	3.56
		早熟白菜薹（CK）	1 687.50	
2017	惠州	雄心一号	1 614.10	5.21
		早熟白菜薹（CK）	1 534.10	
	清远	雄心一号	1 667.50	2.46
		早熟白菜薹（CK）	1 627.50	
	江门	雄心一号	1 600.80	1.70
		早熟白菜薹（CK）	1 574.10	

20~22 d移栽，667 m²种植5 000株，推荐株行距为40 cm×30 cm。直播时，667 m²播种150~200 g，667 m²保苗7 000株左右。

4.3　栽培管理

一是合理肥水管理：为了提高品质，基肥以腐熟有机肥为主，移苗后缓苗期保持土壤湿润，抽薹前后需水肥量大，要保证田间水分充足。二是病虫害防治：生育期内主要防治跳甲、蚜虫、斜纹夜蛾、小菜蛾等害虫。

4.4　采收

播种至开始采收为55 d，延续采收48 d，属于中早熟品种。只收主薹或主侧薹兼收品种，主侧薹兼收时持续采收期长，全生育期内注意保护好基部叶片完好无损。

4.5　周年供应

雄心一号无需春化即可抽薹，最适合生长温度15~25 ℃。前期可耐高温，后期可以耐0 ℃以下低温。深圳地区8月底到翌年1月初可播种、粤西、海南、云南河谷地带12月至翌年3月可播种；河南4月初到8月底可播种；湖南、湖北、7月底至10月初可播种；宁夏、甘肃3月中旬开始播种。可以播到8月底较为合适。早春播种时，气温不稳定，宜直播密植。

自2016年以来，雄心一号在广东、湖南、湖北、河南、云南、宁夏、甘肃等地示范推广，逐渐形成了周年供应的体系，也实现了育种者周年

表3　雄心一号示范推广试验结果

| 年份 | 地点（季节） | 采收期/d | 延续采收/d | 667 m² 产量/kg | | 比CK增产/% |
				雄心一号	早熟白菜薹（CK）	
2018	惠州（秋）	45	25	1 738.22	1 524.49	14.02
	宁夏（早春）	50	30	2 014.61	1 750.16	15.11
	宁夏（越夏）	42	20	1 623.32	1 457.85	11.35
	宁夏（秋）	45	20	1 603.50	1 467.73	9.25
	河南（早春）	50	30	2 003.58	1 778.75	12.64
	云南红河州（春）	45	26	1 766.80	1 572.45	12.36
	云南曲靖（秋）	48	25	1 705.63	1 500.77	13.65
2019	惠州（秋）	45	25	1 798.30	1 560.62	15.23
	宁夏（早春）	50	30	2 086.36	1 831.91	13.89
	宁夏（越夏）	43	20	1 689.30	1 481.45	14.03
	宁夏（秋）	45	20	1 653.50	1 454.91	13.65
	河南（早春）	50	30	2 016.67	1 765.91	14.20
	云南红河州（春）	45	26	1 769.02	1 556.41	13.66
	云南曲靖（秋）	47	25	1 756.82	1 593.78	10.23
2020	惠州（秋）	45	25	1 758.65	1 530.73	14.89
	宁夏（早春）	50	30	2 056.45	1 753.90	17.25
	宁夏（越夏）	43	20	1 702.32	1 544.33	10.23
	宁夏（秋）	45	20	1 624.30	1 459.65	11.28
	河南（早春）	50	30	2 056.64	1 778.02	15.67
	云南红河州（春）	46	26	1 752.24	1 551.20	12.96
	云南曲靖（秋）	48	25	1 738.80	1 582.74	9.86

均可吃到优质大白菜薹的初衷。雄心一号仅为该领域新品种选育的冰山一角，将来定会有更多更优的品种推出。惠州生达种子商行在引进推广过程中商品菜命名为"秋香"，代号为828。

参考文献

[1] 周晓波.白菜薹新品种五彩黄薹一号农艺性状与夏播栽培技术研究[D].长沙:湖南农业大学,2010:9.

[2] 晏儒来.薹用白菜起源与品种选育栽培[M].北京:中国农业出版社,2014:83-87.

[3] 倪金乐,刘康懿,殷丹,等.大棚菜薹越夏番茄高效轮作栽培[J].西北园艺(综合),2021(3):7-8.

[4] 杜向阳,廖慧敏.菜薹新品种望春亭80的选育及栽培技术[J].浙江农业科学,2021,62(5):946-948.

[5] 孙信成,张忠武,杨连勇,等.白菜薹轻简栽培技术[J].湖南生态科学学报,2021,8(1):54-57.

原载于《蔬菜》2021年第9期

附录10　雄心一号白菜薹深圳及周边地区栽培技术要点

雄心一号白菜薹深圳及周边地区栽培技术要点

梁顺平，王先琳，周成良，苏运诗，陈利丹，王翠叶，林馥芬

（深圳市农业科技促进中心，广东深圳518000）

【摘要】雄心一号是深圳市农业科技促进中心选育的杂交白菜薹新品种，生育期55天左右，在深圳及周边地区的秋、冬、春季宜育苗移栽或直播。本文主要介绍了播种时间、土地选择、整地作畦、育苗移栽、水肥管理、病虫害防治、适时采收等栽培技术要点。

【关键词】雄心一号；白菜薹；播种期；种植密度；水肥管理；植株调整

雄心一号（31×早熟白菜）是深圳市农业科技促进中心2015年利用菜心细胞质雄性不育系BC-31-10-5-2-1-1作母本，早熟白菜5-4-3-1-4做父本测配而出的杂交一代白菜薹新品种，2018年1月获得深圳市科技成果登记。自2016年以来在深圳及周边地区惠州、东莞、广州、河源等地栽培中表现出薹形美、品质优良等特点，为使该品种更好地推广应用，特介绍栽培技术如下：

1 特征特性

雄心一号（31×早熟白菜）：播种至开始采收为55天，延续采收48天，属于中熟品种。叶色绿，薹柄深绿，叶面微皱，叶柄色白绿，株型开展，生长势强，口感好，风味甜，平均株高41cm，平均株幅48.0cm，基叶数平均为17.70，平均叶长22.6cm，叶宽19.7cm，叶柄长13.5cm，叶柄宽3.2cm，主薹长27.9cm，薹叶长41.8cm，薹基粗2.8cm，侧薹粗1.8cm，平均总薹数为10.2，主单薹重239.8g，侧单薹重64.6g。宜做仅收主薹或主侧薹兼收栽培。该品种为一代杂交品种，不可再留种。

2 栽培技术要点

2.1 季节

雄心一号最适生长温度为15～25℃，较耐高温，高于30℃时品质下降，低于10℃时生长缓慢，食味更佳。深圳及周边地区8月底到12月中旬可育苗移栽或直播，12月中旬至翌年3月初宜直播定植。

2.2 土地的准备

（1）与十字花科蔬菜轮作3年以上。

（2）选择土地平整排灌条件良好，通气良好、保水保肥能力强的壤土。

（3）深施重施基肥，每667平方米施有机肥1000kg以上、复合肥50kg，均匀撒施后深耕耙平。

（4）提早深耕晒土，定植前一周整好地。深沟高畦，畦面включ1.4~1.5米为宜。

2.3 育苗移栽技术要点

（1）播种育苗：宜采用72～108孔穴盘，育苗专用基质土壤育苗，苗龄20～22天左右，3～4叶一心时定植。

（2）定植移栽：铺微喷管盖银黑双色地膜。3~4叶一心定植，合理密植，如果仅收主薹一次性采收，建议株行距为25cm×30cm，每667平方米植8800株左右。如果主侧薹兼收建议株距30cm，行距为35～40cm，每667平方米植6000株左右，定植后浇足定根水。

2.4 直播栽培技术要点

（1）铺微喷管

（2）播种：直播前用微喷喷湿，每667平方米用200～250克均匀撒播；然后盖遮阳网保湿，最后喷乙草胺每667平方米

100克防杂草，出芽前不要移动遮阳网。出苗后才揭去遮阳网，用微喷带喷少量水。

2.5 水肥管理

（1）育苗移栽时施肥主要把握好三次追肥，①提苗肥，定植成活后用速效氮肥（尿素等）提苗，每亩5kg，随水滴施，浓度控制在0.3%以下；②促苗肥，定植后10～15天，用高氮复合肥10～15kg每667平方米随水滴施，浓度控制在0.4%以下；③补充追肥，采收2～3次后，用平衡复合肥补充，每667平方米10kg左右，随水滴施，浓度控制在0.5%以下，视叶色和长势增减用量。

（2）直播时的水肥管理。出苗前不喷水，出苗后揭开遮阳网，喷湿缓苗。真叶长出来后追施提苗肥，用速效氮肥（尿素等）提苗，每亩5kg，随水喷施，浓度控制在0.3%以下；3～4叶一心时间苗，保持株距为10～15cm，施促苗肥，用高氮复合肥10～15kg每667平方米随水喷施，浓度控制在0.4%以下；7～8叶一心时定苗，冬至前可保持株距为20～25cm，冬至后保持株距为15～20cm拨除多余的弱苗，追施高氮复合肥定苗，每667平方米15kg穴施或撒施；采收2～3次后，补充追肥，用平衡复合肥补充，每667平方米10kg左右，随水滴施，浓度控制在0.5%以下，视叶色和长势增减用量。

2.6 病虫害防治

（1）主要病害：霜霉病，定植后用吡唑·嘧菌酯预防，发病初期用烯酰吗啉防治。软腐病用中生菌素或可杀得3000防治。

（2）主要虫害：跳甲用跳甲净或者辛硫磷防治；斜纹夜蛾、小菜蛾用啶虫醚或者氯虫苯甲酰胺防治；蚜虫、蓟马用乙基多杀菌素或者呋虫胺防治；潜叶蝇使用阿维菌素防治。

2.7 植株调整

（1）主薹齐口时及时采收，主薹较粗，采收时小心保护基叶，基叶腋部会同时产生3～4根侧薹，基叶是主要营养器官，操作时尽量保存完全。

（2）侧薹下部留一片薹叶，留侧芽发孙薹，孙薹的粗度由腋芽处的薹粗决定。

2.8 及时采收

主薹齐口时及时采收，侧薹及孙薹均在第一朵花将开未开时采收，花薹留25～30cm左右出售。

2.9 食用

适合炒食、白灼及下火锅。

【参考文献】

[1] 秋延菜薹高产栽培技巧 [J]. 农民致富之友, 2003(10).

[2] 黄红弟. 菜薹新品种玉田2号菜心 [J]. 农村百事通, 2017(23).

[3] 吴艺飞, 周晓波. 白菜薹反季节栽培技术 [J]. 农家参谋, 2012(07).

[4] 周成良, 苏运诗, 王先琳. 白菜薹新品种品种比较试验 [J]. 农技服务, 2017(05).

作者简介：梁顺平（1993—），男，助理农艺师，从事农作物新品种引进、试验、示范、选育及新技术配套工作。

王先琳（1975—），男，高级农艺师，从事农作物新品种引进、试验、示范、选育及新技术配套工作。

原载于《农家科技》2019年第10期

附录11　新型优质白菜薹品种"秋香828"

新型优质白菜薹品种"秋香828"

谢月华[1]，陈　文[2]，祁百福[1]，陈利丹[1*]

(1.深圳市农业科技促进中心，广东 深圳　518122；2.深圳市华盛实业股份有限公司，广东 深圳　518001)

摘要：新型优质白菜薹品种秋香828具有生长势强、抗病性好、整齐度高、风味脆甜、商品性好等特点，无需春化便可正常抽薹，生育期50 d左右，每茬667 m²产量1 500 kg以上，被市场广泛接受，并开创了一个白菜薹新类型"秋香薹"。为进一步推广其种植，从生长季节、地块选择、土地平整、开沟建畦、栽培方式、水肥管理、病虫害防治、采收等方面介绍了栽培技术要点，对其他白菜薹品种的种植亦有一定的借鉴意义。

关键词：秋香828；白菜薹；栽培技术

A New Type of Flowering Chinese Cabbage 'Qiuxiang 828'

XIE Yuehua[1], CHEN Wen[2], QI Baifu[1], CHEN Lidan[1*]

(1. Shenzhen Agricultural Science and Technology Promotion Center, Shenzhen　518122, China; 2. Shenzhen Huasheng Enterprise Group Co.,Ltd., Shenzhen　518001, China)

Abstract: 'Qiuxiang 828' had the characteristics of strong growth vigar, good disease resistance, high degree of uniformity, sweet and crispy, good commercial character, and so on. It could bolt normally without vernalization, the growth period was about 50 days, and the yield was more than 1 500 kg per 667 m², which was widely accepted by the market and was created as a new type of flowering Chinese cabbage called 'Qiuxiangtai'. In order to further promote its cultivation, the main points of cultivation technologies were introduced in terms of growing season, plot selection, land consolidation, trenching and border construction, cultivation methods, water and fertilizer management, pest and disease control and harvesting, which also had some reference for the cultivation of other cultivars of flowering Chinese cabbage.

Keywords: Qiuxiang 828; flowering Chinese cabbage; cultivation technology

　　白菜薹（*Brassica campestris* L. ssp. *chiennesis* var. *ultilissen.* et Lee）是十字花科芸薹属白菜亚种的一个变种，起源于长江流域，是我国特产蔬菜[1]。由于白菜薹清香嫩脆、美味可口，越来越受到食用者的喜爱[2]。秋香薹是一个刚兴起的白菜薹新类型，其外形像白菜，半包叶，不需要低温春化便可正常抽薹，可周年生产保供应，还以品质优、中早熟、耐低温等特点而受到市场追捧，最具代表性的品种就是"秋香828"[3]，是深圳市农业科技促进中心选育的品种"雄心一号"[4]在推广中因秋季（8月28日）首播获得成功而得名，由惠州迅速推广到甘肃和宁夏地区，被市场广泛接受，目前，在甘肃、宁夏地区3—9月份的种植规模每年已近3 333.33 hm²（5万亩），播种面积在逐年增加，经济和社会效益明显。

收稿日期：2022-10-08
*通讯作者：陈利丹

1 品种特征特性

秋香828是不需要春化、高产、优质的白菜薹新品种，该品种生长势强，中早熟，播种至初收50 d左右，延续采收约48 d，抽薹整齐，商品综合性状好，每667 m²产量1 500 kg以上。最适合生长温度为15~25 ℃，适宜我国宁夏、甘肃、河南、云南、长江流域和华南地区等主要薹菜栽培区适时栽培。

2 栽培技术要点

2.1 生长季节

秋香828较耐高温和低温，甘肃和宁夏地区3月初至9月初均可播种，3月初至4月底宜直播，5—8月可直播也可育苗移栽，9月宜直播。5月初至11月均可生产秋香薹，供应时间达半年以上。

2.2 选地、整地

2.2.1 地块选择

选择土地平整、排灌较好、土壤肥沃、通气性好、远离污染的地块，避免连作，选择或安排具有1茬以上十字花科蔬菜轮作期的地块进行种植。

2.2.2 土地平整

11月中下旬冬灌，水漫过畦面，开春3月初带冰整地。翻耕前先清洁田园，深施、多施有机肥，每667 m²施有机肥1 000 kg以上，复合肥50 kg，均匀撒施底肥后进行深耕，将肥料翻入土中。

2.2.3 开沟建畦

宜采用深沟高畦种植，沟深可控制在20 cm左右，沟宽30 cm左右，畦面包沟以1.4~1.5 m为宜。平整畦面，将畦面耙平、耙细。这样安排既有利于充分利用土地，又有利于采摘。

2.3 栽培方式

2.3.1 直播栽培

每667 m²用200 g种子均匀撒播，在畦面铺上喷管，均匀喷湿畦面，然后盖上遮阳网保湿，出芽前不要移动遮阳网，出苗前不喷水，出苗2~3 d后揭去遮阳网，采用微喷、带喷的方式少量浇水，保持土壤湿润。

2.3.2 育苗移栽

宜采用72~108孔穴盘，育苗专用基质育苗，播种深度1 cm左右，当苗龄20~22 d，3~4叶1心时定植。要合理密植，如果是一次性收主薹，株行距建议采用25 cm×30 cm，每667 m²定植8 500株左右；如果主侧薹兼收，株行距建议采用30 cm×35 cm，每667 m²定植6 000株左右。定植后浇足定根水。移栽后根据苗生长情况及时补苗。

2.4 水肥管理

2.4.1 直播水肥管理

出苗前保持土壤湿润少喷水，出苗后揭开遮阳网，喷湿缓苗；真叶长出来后少量追施提苗肥，用速效氮肥提苗，每667 m²施用5 kg左右，浓度控制在0.3%以下，喷水肥要轻柔；3~4叶1心时，开始间苗，保持株距10~15 cm，施促苗肥，每667 m²用高氮复合肥10~15 kg，且浓度控制在0.4%以下进行喷施；7~8叶1心时定苗，根据一次性收主薹或主侧薹兼收的栽培计划进行定苗，拔除多余的苗，追施高氮复合肥，每667 m²用量15 kg进行穴施或撒施；采收主薹后，每采收1次视情况补充追肥，用平衡复合肥补充，每667 m²施用10 kg左右，浓度控制在0.5%以下，视叶色深度和长势增减用量。

2.4.2 育苗移栽、水肥管理

育苗移栽主要把握好3次追肥，一是定植成活后用速效氮肥进行提苗，每667 m²用量5 kg，浓度控制在0.3%以下；二是定植10 d左右用高氮复合肥进行喷施促苗，每667 m²用量10~15 kg，浓度控制在0.4%以下；三是采收主薹后，每667 m²施用高氮复合肥10 kg左右，浓度控制在0.5%以下，视叶色深度和长势增减用量。

2.5 病虫害防治

病虫害防治要坚持预防为主，综合防治，综合利用绿色防控、生物防治，有效促进植株健康成长，保障菜薹生产安全高效和环境生态友好。种植管理人员应每日至少巡园1次，及时掌握菜薹的生长情况和病虫害发生情况。

2.5.1 主要病害

一是霜霉病，可用嘧菌酯、吡唑醚菌酯、霜霉威盐酸盐、丙森锌等进行防治；二是软腐病，可用噻唑锌、氯溴异氰尿酸、噻菌铜等进行防治。

2.5.2 主要虫害

一是蚜虫，可用噻虫嗪、吡虫啉、呋虫胺等

进行防治；菜青虫，可用苏云金杆菌、阿维菌素、高效氯氟菊酯等进行防治；小菜蛾，可用阿维菌素、苏云金杆菌、甲氨基阿维菌素苯甲酸盐、茚虫威等进行防治。

2.6 适时采收

主薹齐口时及时采收，侧薹及孙薹均在第1朵花将开未开时采收，花薹留25～30 cm进行出售。主薹采收时，要小心保护基叶，基叶是主要营养器官，保障整株的营养供给，尽量保全和避免损伤，基叶腋部会同时产生3～4根侧薹。侧薹采收时，基部留1片薹叶，用于发孙薹以及保障孙薹的营养供给，孙薹粗度主要由腋芽处的薹粗决定，因此采收时要保护好薹基部位。

参考文献

[1] 周晓波.白菜薹新品种五彩黄薹一号农艺性状与夏播栽培技术研究[D].长沙:湖南农业大学,2010.

[2] 晏儒来.薹用白菜起源与品种选育栽培[M].北京:中国农业出版社,2014.

[3] 王先琳,王翠叶,陈利丹,等.我国薹用不结球白菜主栽品种现状及育种趋势[J].蔬菜,2022(3):52-55.

[4] 王先琳,周成良,苏运诗,等.新型白菜薹品种"雄心一号"的选育[J].蔬菜,2021(9):72-75.

原载于《蔬菜》2023年第2期

附录12　云南地区新型优质白菜薹品种秋香828栽培技术要点

云南地区新型优质白菜薹品种
秋香828栽培技术要点

谢月华　陈闽州　陈利丹

白菜薹(*Brassica campestris* L. ssp. *chiennsis* var. *ultilissen*. et Lee) 是十字花科芸薹属白菜亚种的一个变种,起源于长江流域,是我国特产蔬菜[1]。其清香嫩脆,美味可口,越来越受到食用者的喜爱[2]。秋香薹是一个刚兴起的白菜薹新类型,外形像白菜,半包叶,不需要低温春化,可周年生产供应,其以品质优、中早熟、耐低温而受到市场追捧。其中最具代表性的品种是秋香828[3],为深圳市农业科技促进中心选育的雄心一号[4],由惠州市生达农业科技有限公司在推广中因8月28日首播获得成功而得名,从惠州迅速推广到云南、甘肃、宁夏等其他省市,被市场广泛接受。目前,云南地区主要集中在文山、红河、昆明、曲靖、楚雄等地,产量和品质皆佳,播种面积和规模逐年增大。

1　特征特性

秋香828是不需春化、高产优质的白菜薹新品种,生长势强,中早熟,播种至初收50天左右,延续采收约48天,抽薹整齐,商品综合性状好,每667 m² 产量在1 500 kg以上。最适生长温度15~25℃,适宜我国云南、宁夏、甘肃、河南及长江流域和华南地区等主要薹菜栽培区栽培。

2　生长季节

秋香828最适生长温度为15~25℃,较耐高温和低温,云南文山、红河等河谷地区以冬季种植为主,10月初至翌年3月播种;云南昆明、楚雄、曲靖等高原地区以夏季种植为主,3月初至10月底播种,白菜薹可周年供应市场。

谢月华,深圳市农业科技促进中心,广东省深圳市坪山区龙田街道石田路36号,518122,E-mail:595613277@qq.com
陈闽州,惠州市生达农业科技有限公司
陈利丹,深圳市农业科技促进中心
收稿日期:2022-10-28

3　选地整地

①地块选择　选择土地平整、排灌较好、土壤肥沃、富含有机质,通气性好、水源清洁,pH值约为6的地块种植,避免连作,宜选择或安排与非十字花科蔬菜轮作的地块,多年连作容易使土壤中微量元素缺乏,同时存在增加病虫害的风险。

②土地平整　种植前翻耕整地,翻耕前先清洁田园,深施多施有机肥,每667 m²施有机肥1 000 kg以上,复合肥50 kg,均匀撒施后进行深耕将肥料翻入土中。

③开沟作畦　宜采用深沟高畦栽培,沟深20 cm左右,沟宽30 cm左右,畦面包沟1.4~1.5 m为宜。平整畦面,将畦面耙平耙细,这样既有利于充分利用土地,又有利于采摘。

4　栽培方式

4.1　直播栽培

以直播为主,每667 m²用种量200 g左右,撒播。在畦面铺喷管,将畦面喷湿,覆盖遮阳网保湿,出芽前不移动遮阳网,出苗前不喷水,出苗2~3天后揭去遮阳网,用微喷带喷少量雾化水,保持土壤湿润。播种时避免暴雨天气,防止雨水冲刷。

4.2　育苗移栽

采用72~108孔穴盘和育苗专用基质育苗,播深1 cm左右。苗龄20~22天,3~4叶1心时定植。如一次性采收主薹,株行距 25 cm×30 cm,每667 m² 定植 8 500 株左右;如主侧薹兼收,株行距 30 cm×35 cm,每 667 m² 定植 6 000 株左右,定植后浇足定根水。移栽后根据生长情况及时补苗。

5 水肥管理

5.1 直播水肥管理

出苗前保持土壤湿润少喷水,出苗后揭开遮阳网,喷湿缓苗;当第 1 片真叶长出来后,每 667 m² 用速效氮肥 5 kg 左右提苗,浓度控制在 0.3% 以下,喷水肥要轻柔;当苗长至 3~4 叶 1 心时,开始间苗,除杂补缺,株距 10~15 cm,施促苗肥,每 667 m² 用高氮复合肥 10~15 kg,浓度控制在 0.4% 以下;7~8 叶 1 心时定苗,根据一次性收主薹或主侧薹兼收的栽培计划进行定苗,每 667 m² 穴施或撒施高氮复合肥 15 kg;采收主薹,每采收一次视情况补充平衡复合肥,每 667 m² 施 10 kg 左右,浓度控制在 0.5% 以下,视叶色深度和长势增减用量。

5.2 育苗移栽水肥管理

育苗移栽主要把握好 3 次追肥,一是定植成活后,每 667 m² 施速效氮肥 5 kg 提苗,浓度控制在 0.3% 以下。二是定植 10 天左右,每 667 m² 施高氮复合肥 10~15 kg 促苗,浓度控制在 0.4% 以下。三是采收主薹后,每 667 m² 施高氮复合肥 10 kg 左右,浓度控制在 0.5% 以下,视叶色深度和长势增减用量。

6 病虫害防治

坚持"预防为主,综合防治"的原则,尽量使用物理、生物方法防治病虫害,综合应用捕虫板、诱虫灯等及化学药剂防控措施,将病虫害控制在初发阶段,有效促进植株健康成长,保障菜薹生产安全高效和环境生态良好。

6.1 主要病害

①霜霉病 发生初期,病斑呈水浸状褪绿或淡黄色,周缘不明显,后变为黄褐色。可用 25% 嘧菌酯悬浮剂 1 500~2 000 倍液、25% 吡唑醚菌酯悬浮剂 1 500~2 000 倍液、72.2% 霜霉威水剂 600~800 倍液或 70% 丙森锌可湿性粉剂 500~700 倍液等进行防治。

②软腐病 主要为害柔嫩多汁的组织,常在茎基部或叶柄处发病,致使整株萎蔫,甚至腐烂,病部会渗出黏液,发出恶臭,主要以预防为主。可用 20% 噻唑锌悬浮剂 400~600 倍液、50% 氯溴异氰脲酸可溶性粉剂 1 000~1 500 倍液或 20% 噻菌铜悬浮剂 400~600 倍液等进行喷雾防治。

6.2 主要虫害

①蚜虫 可用诱虫板诱杀。药剂防治可用 5% 啶虫脒乳油 1 000~1 500 倍液、20% 吡虫啉可湿性粉剂 1 000~1 500 倍液或 50% 抗蚜威可湿性粉剂 2 000~2 500 倍液等进行喷雾防治。

②小菜蛾 温度 20~25℃,湿度 72%~80% 时易发生。宜在幼虫低龄期及时防治,注意药剂轮换使用,喷药最好选傍晚进行。可用含活孢子量 100 亿/g 的苏云金杆菌乳剂 800~1 000 倍液、1% 甲维盐乳油 4 000~5 000 倍液或 15% 茚虫威悬浮剂 3 000~4 000 倍液等喷雾防治,重点喷施心叶和叶背。

③斜纹夜蛾和甜菜夜蛾 这 2 种害虫的抗药性较强,注意药剂轮换使用,宜在幼虫低龄时期防治。可用含活孢子量 100 亿/g 的苏云金杆菌乳剂 800~1 000 倍液、1.8% 阿维菌素乳油 2 500~3 000 倍液或 2.5% 高效氯氰菊酯乳油 2 000~3 000 倍液等进行喷雾防治,宜在傍晚施药。

7 适时采收

主薹齐口时及时采收,即顶叶与花蕾齐高,侧薹及孙薹均在第 1 朵花将开未开时采收,切口要平整,菜体保持完整,大小长短均匀,花薹留 25~30 cm 进行出售。主薹采收时,要小心保护基叶,基叶是主要营养器官,以保障整株的营养供给,尽量保全和避免损伤,基叶腋会同时产生 3~4 根侧薹。侧薹采收时,基部留 1 片薹叶,用于发孙薹以及保障孙薹的营养供给,孙薹粗度主要由腋芽处的薹粗决定,因此采收时要保护好薹基部位。

8 食用建议

白灼、炒食、火锅均可,清香脆嫩,美味可口。

参考文献

[1] 周晓波.白菜薹新品种五彩黄薹一号农艺性状与夏播栽培技术研究[D].长沙;湖南农业大学,2010.

[2] 晏儒来.薹用白菜起源与品种选育栽培[M].北京;中国农业出版社,2014;83-87.

[3] 王先琳,王翠叶,陈利丹,等.我国薹用不结球白菜主栽品种现状及育种趋势[J].蔬菜,2022(3);52-55.

[4] 王先琳,周成良,苏运诗,等.新型白菜薹品种"雄心一号"的选育[J].蔬菜,2021(9);72-75.

原载于《长江蔬菜》2022年第23期

附录13　白菜薹新品种"雄心一号"及其制种技术要点

白菜薹新品种"雄心一号"及其
制种技术要点

陈利丹，王先琳，王翠叶，苏运诗，周成良，谢月华[*]

(深圳市农业科技促进中心，广东 深圳　518122)

摘要：雄心一号是利用玻里玛细胞质雄性不育系BC-31-10-5-2-1-1作母本，早熟白菜2-1-1-1-1-1-2-1作父本的杂交一代白菜薹品种，不需要春化，生长势强，中早熟，抽薹整齐，商品综合性状好，每667 m² 产量在1 500 kg以上。经过几年的试验示范，杂交一代种子生产技术逐渐成熟，种子繁殖技术要点包括亲本材料提纯复壮、亲本的扩繁、种子生产及质量控制等。

关键词：白菜薹；雄心一号；提纯复壮；亲本扩繁；制种技术

A New Flowering Chinese Cabbage 'Xiongxin No.1' and Its Technology of Seed Propagation

CHEN Lidan, WANG Xianlin, WANG Cuiye, SU Yunshi, ZHOU Chengliang, XIE Yuehua[*]

(Shenzhen Agricultural Science and Technology Promotion Center, Shenzhen　518122, China)

Abstract: 'Xiongxin No.1' was the first generation of flowering Chinese cabbage hybrid, using Polimar cytoplasmic male sterility line BC-31-10-5-2-1-1 as the famle and early maturing cabbage 2-1-1-1-1-1-1-2-1 as the male parent. 'Xiongxin No.1' did not need vernalization, had strong growth potential, with early maturity, evenly bolting and good commercial characteristics. The yield was more than 1 500 kg per 667 m². After several years of experiment, the first generation hybrid seed propagation technology was gradually mature and the key points of the propagation technique include parental material purification and rejuvenation , parental expansion, seed production and quality control.

Keywords: flowering Chinese cabbage; Xiongxin No.1; purification and rejuvenation; expansion and propagation of parent plant; seed production technology

白菜薹（*Brassica campestris* L. ssp. *chiennesis* var. *ultilissen.*et Lee）是十字花科芸薹属白菜亚种的一个变种，是我国特产蔬菜[1]。由于白菜薹清香嫩脆，美味可口，越来越受到食用者的喜爱[2]。雄心一号是深圳市农业科技促进中心利用大白菜作父本改良菜薹的品质，利用菜心克服大白菜需要低温春化的局限，利用菜心细胞质不育系克服自交不亲和系难以扩繁的弱点，选育出的不需要春化、高产的白菜薹新品种，是生长势强、整齐度高、商品性好、口感佳、半包叶、外形像白菜的新型白菜薹品种[3]。2018年1月获得深圳市科技成果登记，已在广东、宁夏、河南、云南等省份的薹菜主栽基地大面积生产示范和推广应用，市场反映良好，推广面积不断增加。

1 品种的特征特性

雄心一号是不需要春化、高产的白菜薹新品种，该品种生长势强，中早熟，播种至初收55 d左右，延续采收约48 d，抽薹整齐，商品综合性状好，每667 m²产量在1 500 kg以上。最合适生长温度15～25 ℃，适宜我国宁夏、甘肃、河南、云南、长江流域和华南地区等主要薹菜栽培区适时栽培。

2 种子繁殖技术要点

2.1 亲本的提纯复壮

雄心一号白菜薹是利用玻里玛细胞质雄性不育系BC-31-10-5-2-1-1作母本，早熟白菜2-1-1-1-1-1-1-2-1作父本的杂交一代品种，容易被外源污染、混杂。要经常对亲本进行提纯复壮，保持品种的优良特性。

2.1.1 父本的提纯复壮

父本是自交系，为保持亲本的特征不变，必须每2～3年提纯复壮1次，扩繁次数越少，越能保持不受污染。

原原种的繁殖由原原种单株自交提纯而来，原原种选择30～50个单株自交，收种后逐一种植

鉴定，淘汰一半的株系，鉴定合格的单株在一个隔离区域内繁殖，收获的种子即为原原种。

原种是原原种种植在一个隔离区域内小群体自由授粉繁殖收获的种子。用于繁殖用的种子叫亲本，亲本是原种种植在一个隔离区域内小群体混交繁殖收获的种子，自由授粉时放入熊蜂，可以提高结实率。

2.1.2 母本的提纯复壮

母本是玻里玛细胞质不育系，其繁殖必须使用配套保持系，种植在同一个隔离区内进行授粉，收获不育系上的种子作母本，扩繁过程中容易混入外来花粉，为确保母本的特征特性不变，必须定期提纯复壮。

首先，不育系和保持系同期播种和定植，人工辅助一一对应地用保持系上的花粉授到不育系的单株上，分别单株采收种子。选择100对左右，保持系选单株的特征特性和上一代相同，不育株除了特征特性要和保持系单株一致外，要选择花药完全退化的单株。人工辅助授粉时应避免生物学混杂，单株套袋，授粉工具要用医用酒精擦洗消毒，尽量多结种子，每对应做2～3次，收获到的一一对应单株种子即为原原种。

然后，每个株系选30粒种子播种鉴定，选择不育系花药完全退化、性状一致的株系，淘汰一半，再将50个左右单株，父、母本以1∶1种植在网室内小群体混合授粉。保持系和不育系分开采收，采收的种子即为原种。

最后，在安全的隔离区内保持系和不育系株数比1∶2，花期自由授粉，仅采收不育系植株上的种子，并将其作为杂交1代生产的母本。

2.2 种子生产技术

2.2.1 时间地点

由于雄心一号的父本抽薹开花需要低温春化，花期空气湿度小有利于散粉，光照强烈有利于提高种子产量，甘肃河西走廊是理想地域，父本3月15日左右播种可春化，5月25日左右开花；母

本4月15日左右播种，不育系从播种至开花时间约为40 d。

2.2.2 制种基地

为避免污染和混杂，保证制种质量，应严格隔离，充分利用山体山脉、树林、村庄等作为自然屏障。空间隔离距离应为2 km以上，隔离区内严禁种植同期开花的十字花科作物；同时，地块应选择地势平坦，集中连片，排灌方便，土壤肥力中上，且上一年未种过十字花科作物的地块。

2.2.3 土地准备

土地在前一年的秋天施有机肥，深耕起好垄，盖好膜。

2.2.4 播种及育苗

父母本差期播种30 d，早春天气不稳定，父本可以直播也可育苗移栽，母本用种量大、生育期短，宜直播。父本的株行距为30 cm×30 cm，667 m²播种约7 500穴，每穴2~3粒，需要种子约20 g。母本的株行距为20 cm×30 cm，667 m²播种约11 100穴，每穴3~4粒种子，需要种子约100 g。父母本的种植面积比为1:3。播好种后浇透水。

2.2.5 栽培管理

播种7~10 d后检查出苗情况，如遇出苗不理想的情况及时补播，4叶1心时定苗，拔掉多余的苗子，父本每穴1~2株，母本每穴2~3株，注意追肥和浇水，每667 m²施复合肥20~30 kg；初花期视生长情况和墒情进行水肥管理，可结合浇水每667 m²施15~20 kg平衡复合肥，花期尽量不浇水，花期结束时，每667 m²施磷酸二氢钾10~15 kg，浇透水，以利于种子饱满，并及时防治蚜虫（可用噻虫嗪、吡虫啉、呋虫胺等）、菜青虫（可用苏云金杆菌、阿维菌素、高效氯氟氰菊酯等）、菜蛾（可用阿维菌素、苏云金杆菌、甲氨基阿维菌素苯甲酸盐、茚虫威等）等害虫及霜霉病（可用嘧菌酯、吡唑醚菌酯、霜霉威盐酸盐、丙森锌等）和软腐病（可用噻唑锌、氯溴异氰尿酸、噻菌铜等）。开花前要彻底根除蚜虫等害虫，花期为保证昆虫传粉，应避免喷杀虫剂。

2.2.6 纯度控制

父母本去杂是制种保纯的重要举措，根据父母本特征特性详细辨认，去杂要干净彻底。开花前，调查制种田2 km范围内十字花科作物种植情况，如有种植，需及时清理；彻底清除父母本中的变异株、混杂株、病劣株；始花至齐花期，要逐行去杂，母本行内清除掉可育株、早花株、晚花株和异型杂株，特别注意微粉株，因玻里玛细胞质不育系容易由于气温骤降诱发微粉现象，花期内特别留意气温变化；父本行内清除掉优、劣势株、异型杂株，保持株型基本一致；齐花期，要逐株检查、去杂。

2.2.7 花期调控

母本是菜心不育系，花期短，尽量安排父母本同期开花确保种子产量，父本宜安排早播，也可父本开花等母本，父本花期早时，可用打薹调节法，即父本采取隔株打薹，打掉主花序，促进下部多分枝，延长父本花期，父本打薹后要及时补充肥水，保障苗壮，提供充足花粉。为使授粉充分，提高产量，每667 m²制种田可放1~2箱蜜蜂协助授粉。母本终花后，及时割除父本，平放父本行上，母本种子黄熟前不拉出地块，以免损伤母本，影响产量。同时防止机械混杂。

2.2.8 种子采收

在全田70%~80%的角果黄熟、种荚2/3变黄时，开始收获。收割后先在蓬布上堆放2~3 d，种荚脱水。晾晒必须连带植株，种荚脱水后再脱粒。如遇雨天，及时盖油布。晒种应在晒垫上，以免烧伤种胚，降低发芽率。没有晒干的种子夜间不能装袋或堆放。晒干的种子及时检测含水量，合格后密封保存。

2.3 种子质量控制

水分：充分晾晒至水分不超过7.0%。净度：至少进行2次风筛选，2次重量选，净度98%以上。发芽率：新种子一般有约20 d的休眠，休眠期过后，发芽率85%以上。纯度：杂交种子纯度96.0%以上。

参考文献

[1] 周晓波.白菜薹新品种五彩黄薹一号农艺性状与夏播栽培技术研究[D].长沙:湖南农业大学,2010.

[2] 晏儒来.薹用白菜起源与品种选育栽培[M].北京:中国农业出版社,2014.

[3] 王先琳,周成良,苏运诗,等.新型白菜薹品种"雄心一号"的选育[J].蔬菜,2021(9):72-75.

原载于《蔬菜》2022年第4期

附录14　我国薹用不结球白菜主栽品种现状及育种趋势

我国薹用不结球白菜主栽品种现状及育种趋势

王先琳，王翠叶，陈利丹，苏运诗，周成良，谢月华*

（深圳市农业科技促进中心，广东 深圳 518122）

摘要：薹用不结球白菜（薹菜）以菜心、红菜薹为代表，起源于中国，在岭南和长江流域有悠久的栽培历史，近年来以迟菜心、秋香828、中薹1号为代表的专业薹菜的选育及推广带动了新型薹菜品种的发展，未来丰产、优质和抗性仍然是新品种选育的3大主题，但能够满足周年供应、满足规模化种植、适应机械化种植采收的品种将更受欢迎。薹菜将向专业化、优质化和差异化方向发展，满足规模化和集约化生产的需求。

关键词：不结球白菜；菜薹；品种；育种趋势

Current Situation and Breeding Trend of Non-heading Chinese Cabbage in China

WANG Xianlin, WANG Cuiye, CHEN Lidan, SU Yunshi, ZHOU Chengliang, XIE Yuehua*

(Shenzhen Agricultural Science and Technology Promotion Center, Shenzhen　518122, China)

Abstract: Bolting non-heading Chinese cabbage (tai-tsai), represented by flowering Chinese cabbage and red flowering Chinese cabbage, originated in China and had a long cultivation history in Lingnan and the Yangtze river basin. In recent years, the breeding and promotion of professional tai-tsai represented by 'Chicaixin' 'Qiuxiang 828' and 'Zhongtai No.1' have driven the development of new tai-tsai cultivars. High yield, good quality and resistance will be still the three main themes of new cultivar breeding in the future. However, cultivars that could meet the annual supply, large-scale planting and mechanized planting and harvesting would be more popular. Tai-tsai would develop in the direction of specialization, high quality and differentiation to meet the needs of large-scale and intensive production.

Keywords: non-heading Chinese cabbage; flowering Chinese cabbage; cultivar; breeding trend

不结球白菜（*Brassica campestris* ssp. *Chinens Makino*）在我国有悠久的栽培历史，有叶用类型的快菜、小白菜等，薹用的菜心、白菜薹、红菜薹、青梗菜薹和奶白薹等；其中，菜心和红菜薹都起源于中国，分别在岭南和长江流域具有广泛的消费市场。随着经济的发展及人民生活水平的提高，加之薹菜（薹用不结球白菜）品质优于叶用不结球白菜，其市场需求量增大，栽培面积也日益扩大。随着科技的发展，在育种工作者的不断努力下，大批新、优、特薹菜品种不断涌现，其中迟菜心、秋香828、中薹1号等具有代表性的品种得到广泛推广，明显给市场带来活力。现将薹菜当前主栽品种及育种趋势预测简介如下。

1 我国薹用不结球白菜主栽品种现状

目前，我国薹用不结球白菜品种仍以菜心为主，白菜薹、红菜薹、秋香薹、青梗菜薹和奶白菜齐头并进。

1.1 菜心

菜心是岭南佳品，仍占市场主导地位。菜心又名菜薹，植物学形态特征与其他的白菜类蔬菜基本相似，以花薹为食用器官，因其风味独特、生育周期短、复种指数高，成为华南地区的主要蔬菜之一，且能远销海外，出口创汇，被誉为"菜中之后"和"蔬品之冠"[1-3]。

目前，中熟菜心品种有油绿70天菜心[4]、油绿701[5]、油绿702菜心[6]。迟熟菜心品种有迟熟菜心、早熟迟菜心和中熟迟菜心，叶片大、生长势强、主茎明显、有棱坑、品质好，已经占据迟菜心的主导地位，具有一定的市场影响力。特迟熟品种有油绿802菜心[7]、油绿80天[8]。杂交菜心有玉田2号、玉田3号、粤翠1号、粤翠2号，已有一定的栽培面积。

1.2 白菜薹

白菜薹是由白菜易抽薹材料经长期选择和栽培驯化而来且以幼嫩花薹为食用器官的特有种类，起源于我国长江流域，从长江流域逐步进入大江南北，在全国各地广泛栽培，其中湖北、湖南、安徽、浙江、江苏、江西等地栽培面积较大。白菜薹色泽翠绿或嫩黄，鲜嫩可口，是秋、冬、春3季的重要绿色蔬菜。从20世纪80年代以来，白菜薹的消费需求、种植范围和种植面积不断扩大，尤其是近20多年来，越来越受到人们的喜爱[9-10]。

白菜薹品种最早以雪莹和银琳为代表并在湖南、湖北被广泛种植，然后从长江流域推往全国，这类型的菜薹以早熟、尖叶、主侧薹并收为主[11]，有一定的消费基础。目前主栽品种有沮漳一号[12]、雪菲（211）F_1[13]、彩黄薹一号[14]、湘

株三号[15]，适宜在长江中下游地区作极早熟秋季栽培；还有湘薹一号、湘薹二号[16]，适宜秋冬栽培。另外，湖南、湖北、江西、安徽、浙江、江苏、四川、重庆、云南、福建、海南等10多个省市已大面积推广应用的有早薹30和早薹40[17-18]。

1.3 红菜薹

红菜薹，别名紫菜薹，主要分布在长江流域一带，在湖北、湖南、四川都有栽培，尤以武汉栽培历史悠久。其茎薹紫红，开黄花，红菜薹色泽艳丽、质地脆嫩、味甘爽口、风味独特，清炒菜薹和菜薹炒腊肉是武汉人的席上珍馐、待客佳肴，历代为皇室贡品，有"金殿御菜"之称。近年来，对红菜薹的研究不断加深，推出了许多优质的早、中、晚熟杂交品种，加之推广力度加大，红菜薹种植面积不断上升。红菜薹采收期长，可从国庆节开始上市，一直供应到次年3月。主要种植区域仍以长江流域的湖南和湖北为主。

目前主栽极早熟品种有五彩红薹1号[19]、湘红菜薹一号[20]、至尊红颜303[21]，早熟品种主要有鄂红一号（特早50天）[22]、鄂红四号[23]、佳红1号[24]、紫婷二号[25]、至尊红颜301[21]，早中熟品种有湘红二号[26]、紫薹二号[27]，中熟品种有五彩薹四号[28]（目前长江流域地区主栽品种之一）、鄂红二号[29]，中晚熟品种有鄂红5号[30]，还有抗根肿病的品种紫御70[31]。

1.4 秋香薹

秋香薹异军突起，以秋香828为代表，外形像白菜，半包叶，不需要低温春化，以品质优、中早熟、耐低温而受市场追捧，2019—2020年逐渐形成一个新类型，夏香、秋香750、秋香850、中薹51等品种也有一定的种植规模。此菜薹类型逐渐被市场广泛接受。

1.5 青梗菜薹

青梗菜薹是不结球白菜中普通白菜的变种，2018年以来，以中薹1号、玩夏1号为代表悄然兴起。该品种早熟，不需要春化，常年可种植，外形美观，品质稍差。这类品种的走俏已经开始引领一种新型蔬菜的空间，中熟、晚熟青梗菜薹已成育种者的目标。

1.6 奶白菜

"奶白菜"是白帮黑叶、株型矮肥、叶柄宽

厚、优质耐热的品种，深受广大消费者的欢迎[8]。奶白菜以柄白、叶黑、质脆、无渣等特色，一直拥有一定的消费市场，薹也比较有风味，目前还是以常规品种为主，市场上还没有抽薹较一致的好品种。

2　育种趋势

薹用不结球白菜的种植面积越来越大，随之市场的要求亦越来越高，而品种的多样化能让市民和种植者有更多选择，易形成良性竞争，突破"卡脖子"技术，促进我国薹菜产业健康发展，形成产业优势。未来薹用不结球白菜品种育种趋势分析如下。

2.1　充分利用杂种优势

目前，菜心仍以常规品种为主，表现不稳定、整齐度差、种性容易退化，随着国内菜心雄性不育系的选育成功，菜心杂交种玉田2号、玉田3号、粤翠1号、粤翠2号等将成为主栽品种。白菜薹、青梗菜薹主要是以自交不亲和雄性不育系作母本的杂交品种，常规种比较少见。未来杂交优势利用将成为主流，特别是细胞质雄性不育系为母本的杂交种，而自交不亲和系作母本的杂交种和细胞核雄性不育材料作母本的杂交种将作为补充。

2.2　尖叶、有棱柄、短薹型受欢迎

种植者偏好薹叶尖的品种，因其可以突显薹，便于摆筐。当前主推或主栽品种也倾向于薹叶尖的品种，薹叶不够尖的品种或者叶片比较大的品种推广较困难。薹面有棱沟的品种比较受市场欢迎，因有棱沟的品种一般比较甜，食用品质好，主栽或主推品种基本上都有棱沟，有的还比较深。可溶性固形物含量上，叶片大于薹，薹大于叶柄；口味上，薹和叶片都较佳，唯叶柄欠佳；因此，选择叶柄尽量短的品种成为发展趋势。

2.3　薹色要求更丰富

薹色油青的品种受市场追捧，正所谓：一"油"遮百丑。油青是一个隐性的性状，杂交品种油青薹色比较少，目前外观薹色还是以浅绿为主，白色较少，将来色泽选择将以白或油青为主。

2.4　周年供应，满足市场

目前主栽或主推品种生育期基本集中在46~60 d，生育期比较集中，中早熟品种较多，但市场要求均衡供应，未来生育期逐渐配套、熟性更丰富，便于周年供应。另外，丰产性仍然是重要性状，直接衡量了品种的经济性能。

2.5　抗性强，保稳产

抗性很重要，是丰产、稳产的基础，对确保薹用叶菜的生产安全意义重大。确保周年供应时，需要夏季抗热、冬季抗寒，周年供应很难通过一个品种来实现，可以通过不同品种，有针对性地解决。随着产业化程度的提高及专业化基地建设的深入，很多生产者已经精耕超过10年，但霜霉病、软腐病及菌核病的病情指数仍比较高，未来需要提高品种抗病性。

2.6　满足现代农业机械化生产要求

宁夏已建立2万hm²专业化薹用不结球白菜生产基地，云南、贵州也建成了很多专业薹菜生产基地，这些基地耕地、施肥、播种、打药、水肥一体化管理，机械化程度比较高，通过育苗移栽的老品种或生育期以收侧薹为主的品种将不利于未来机械化生产。未来，品种选育上，适应现代机械化生产及采收将是发展的主流，其要求品种整齐性好，商品率高，便于一次性采收。

3　展望

薹菜（薹用不结球白菜）由于品质好，被消费者广泛接受，消费量逐渐上升，市场上涌现出很多专业化公司从事生产、流通及销售一体化，竞争也在加剧，对薹菜的品种需求将更旺盛，同时对品种的要求也在不断提高，未来丰产、优质和高抗仍然是新品种选育的3大主题；但是，能够满足周年供应、满足规模化种植、适应机械化种植和采收的品种将更受欢迎。

参考文献

[1] 唐文武,灵秀兰,李挂花,等.菜心杂种优势利用的现状与展望[J].江西农业学报,2005,17(2):73-76.

[2] 马三楼,王永飞.菜心育种的研究进展[J].北方园艺,2006(3):40-41.

[3] 李光光,张华,黄红弟,等.广东省菜薹(菜心)育种研究进

展[J].中国蔬菜,2011(20):9-14.

[4] 张华,黄红弟,郑岩松,等.优质菜心新品种油绿70天的选育初报[J].广东农业科学,2004(6):46-47.

[5] 张华,黄红弟,郑岩松,等.出口型菜心新品种油绿701的选育[J].长江蔬菜,2005(9):49-50.

[6] 黄红弟,张华,郑岩松.菜薹新品"种油绿702菜心"[J].园艺学报,2012,39(12):2539-2540.

[7] 黄红弟,张华,郑岩松.迟菜心新品种油绿802及栽培技术[J].农业科技通讯,2009(6):186-187.

[8] 张华,黄红弟,郑岩松,等.优质丰产菜心新品种油绿80天的选育[J].广东农业科学,2005(6):31-32.

[9] 吴湖龙,杨湘虹,成红波,等.白菜薹研究与应用进展[J].长江大学学报(自然科学版),2016,13(3):7-9.

[10] 晏儒来.薹用白菜起源与品种选育栽培[M].北京:中国农业出版社,2014.

[11] 宁斌,陈辉.早熟杂交一代白菜薹新品种雪莹、银琳[J].长江蔬菜,2016(12):60.

[12] 越发清,董家权."沮漳一号"白菜薹品种选育及栽培技术研究[J].农业经济与科技,2015,26(5):54-55.

[13] 余才良,任群芳.早熟杂交白菜薹新品种雪菲(211)F₁[J].长江蔬菜,2015(13):17.

[14] 吴启山.菜薹新秀——五彩黄薹一号[J].蔬菜,2007(8):8.

[15] 汪孝株.湘株三号白菜薹[J].农村百事通,2009(10):31.

[16] 吴朝林.白菜薹专用新品种湘薹一号、湘薹二号[J].长江蔬菜,2003(4):11.

[17] 田军.早薹30白菜薹栽培技术[J].北方园艺,2003(6):70.

[18] 张忠武.极早熟白菜薹——早薹40[J].当代蔬菜,2005(6):16.

[19] 吴朝林,丁茁荑,郑明福,等.极早熟红菜薹新品种五彩红薹1号的选育[J].中国蔬菜,2006(8):31-32.

[20] 吴朝林,陈文超,徐泽安,等.湘红菜薹一号的选育[J].长江蔬菜,1999(3):35-37.

[21] 邓耀华,程萍,任群芳,等.早熟优质红菜薹新品种至尊红颜301和303[J].长江蔬菜,2015(11):15-16.

[22] 汪红胜,何云启.早熟红菜薹新品种鄂红一号、二号[J].长江蔬菜,2003(7):12.

[23] 聂启军,邱正明,邓晓辉,等.早熟红菜薹新品种鄂红四号的选育[J].长江蔬菜,2011(1):45-47.

[24] 王春梅,辛复林,朱大社,等.红菜薹新品种佳红1呈的选育及应用[J].长江蔬菜,2009(8):20-21.

[25] 赵新春,邱孝育,王汉舟.红菜薹新品种紫婷二号[J].长江蔬菜,2007(6):7.

[26] 吴朝林.红菜薹新品种湘红二号[J].长江蔬菜,1999(6):27.

[27] 吴朝林.紫菜薹新品种五彩紫薹二号的选育[J].长江蔬菜,2006(6):48-49.

[28] 丁茁荑,段晓铨,任群芳.抗病丰产红菜薹五彩红薹四号[J].长江蔬菜,2015(9):15-16.

[29] 邱正明,姚明华,陆秀英,等.杂交红菜薹新组合鄂红二号的选育[J].湖北农业科学,2005(1):64-66.

[30] 聂启军,邱正明,朱凤娟,等.红菜薹新品种鄂红5号的选育[J].湖北农业科学,2017,56(24):4828-4829.

[31] 聂启军,李金泉,董斌峰,等.抗根肿病红菜薹新品种紫御70[J].长江蔬菜,2019(15):18-19.

原载于《蔬菜》2022年第3期

附录15　鉴定意见及专家名单签字

<table>
<tr><td colspan="4" align="center">鉴　　定　　意　　见</td></tr>
<tr><td colspan="4">

　　经深圳市科技创新委员会授权，2018年1月11日深圳市中衡信资产评估有限公司主持了深圳市农业科技促进中心完成的"雄心一号、芈心一号优质白菜薹新品种的选育"项目科技成果鉴定会。鉴定委员会听取了该项目的技术总结报告，审查了查新报告、发表论文等资料，并进行了现场考察，经认真讨论和质询，形成鉴定意见如下：

　　1、提供的资料齐全，符合科技成果鉴定要求。

　　2、项目利用收集的大白菜早熟品种，通过多代自交选育出综合性状优良的自交系早熟白菜-4-1-1；利用湖南白菜通过多代自交选育出品质优良的白菜自交系 hnuzbct-4-5-1。

　　3、项目利用引进的玻里玛细胞质雄性不育材料 9904 作不育源，用31 号甜菜心作为回交亲本转育成新的菜心不育系 C-31-10-5-2-1-1，具有不育、性状稳定、品质优良、配合力强等优点。

　　4、利用 C-31-10-5-2-1-1 作母本，早熟白菜-4-1-1 作父本，配制出杂交一代品种雄心一号；利用菜心不育系 C-31-10-5-2-1-1 作母本，白菜自交系 hnuzbct-4-5-1 作父本配制出芈心一号。经过品比试验、多点试验表明雄心一号、芈心一号具有性状独特、早熟（新品种的生育期为 60 天左右）、高产、优质等特点，并已推广应用。

　　鉴定委员会一致认为：本项目选育出新的菜心不育系及两个新的大白菜自交系，利用菜心不育系和大白菜自交系育出杂交组合雄心一号、芈心一号，实现了产业化。研究成果达到国内领先水平，同意通过科技成果鉴定。

　　主任委员：

2018 年 1 月 11 日

</td></tr>
</table>

鉴定委员会名单

序号	鉴定会职务	姓名	工作单位	所学专业	现从事专业	职称职务	签名
1	主任委员	李又华	深圳市农科蔬菜科技有限公司	蔬菜	蔬菜育种	研究员	（签名）
2	委员	张业光	深圳大学	植物保护	植物保护园艺	教授 高级农艺师	（签名）
3	委员	沈华山	深圳市农科苑科技实业有限公司	植物营养	蔬菜栽培	高级农艺师	（签名）
4	委员	唐晓燕	深圳市作物分子设计育种研究院	生物育种	分子育种	研究员	（签名）
5	委员	曹享云	深圳市光明新区玉塘办事处	植物营养	蔬菜栽培	高级农艺师	（签名）
6	委员	张耕耘	深圳华大基因研究院	遗传育种	遗传育种	副研究员	（签名）
7	委员	梁进	国家杂交水稻工程技术研究中心清华深圳龙岗研究所	农学	农技推广	高级农艺师 副所长	（签名）

附录16　雄心一号科技成果证书

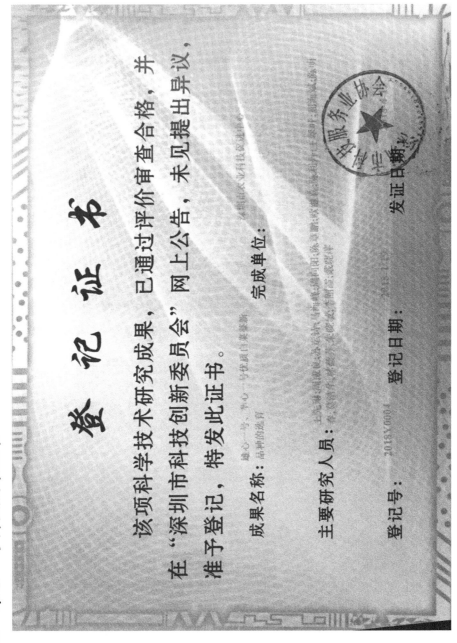

登 记 证 书

该项科学技术研究成果，已通过评价审查合格，并在"深圳市科技创新委员会"网上公告，未见提出异议，准予登记，特发此证书。

成果名称：品种的选育

主要研究人员：
完成单位：

登记号：2018YG004　　登记日期：
发证日期：

附录17　2021年广东省农业技术推广奖证书

广东省农业技术推广奖

获奖证书

　　为表彰在农业技术推广工作中做出贡献的单位和个人，特颁发此证书，以资鼓励。

　　获奖项目：雄心一号（秋香828）白菜薹新品种应用推广

　　奖励等级：二等奖

　　奖励单位：深圳市农业科技促进中心

　　奖励日期：2021 年 12 月 8 日

　　证 书 号：2020-2-Z21-D01

广东省农业技术推广奖
评审委员会

早熟白菜资源1

早熟白菜资源2

早熟白菜资源3

早熟白菜资源4

早熟白菜资源5

湖南早白菜薹

早熟白菜1

早熟白菜2

早熟599

快熟白菜

初代育成的菜心不育系和保持系

转育过程材料

白菜薹0808-1

白菜薹1002-3

白菜薹1101-1

白菜薹1102-2

白菜薹1103-2

白菜薹1104-1

粉杂1号2

红杂60-1

配制组合

31号不育系单株 ▶

◀31号不育系扩繁

白杂三号单株

白杂三号薹1

白杂三号薹2

雄心一号（秋香828）父本1

雄心一号（秋香828）父本2

雄心一号（秋香828）扩繁父本1

雄心一号（秋香828）扩繁父本2

菜心半退化型不育

菜心可育花

菜心可育类型

菜心全退化型1

菜心全退化型2

雄心一号（秋香828）秋种（棚内）

雄心一号（秋香828）秋种（田间）

雄心一号（秋香828）宁夏沙地种植

雄心一号（秋香828）宁夏早春种植1

雄心一号（秋香828）宁夏早春种植2

雄心一号秋香828侧薹（粤北秋种）1

雄心一号秋香828侧薹（粤北秋种）2

雄心一号秋香828侧薹（粤北秋种）3

大田菜1

大田菜2

秋种薹

宁夏早春种植

田间杂交1

田间杂交2

杂交育种1

杂交育种2

◀ 大棚荚

亲本扩繁 ▶

大田生产种子1

大田生产种子2

大田生产种子3

大田生产种子4

应用推广

2019年5月光明玉锋新型农民培训

2019年8月龙岗同乐新型农民科技培训

2019年9月大鹏旺泰佳农业实用技术培训

2020年5月龙华果菜大水坑蔬菜栽培技术培训

2020年6月光明玉锋农业实用技术培训班

2020年7月坪山绿基绿证培训

2020年7月宁夏室外基地蔬菜
清洁生产技术培训

2020年7月宁夏室外基地蔬菜栽培技术培训